太陽電池

未來能源的終極王牌，太陽光發電技術

瑞昇文化

著者介紹

佐藤勝昭

1942年生於日本兵庫縣。1966年京都大學研究所工學研究科碩士課程修畢。工學博士。1966年進入日本廣播協會（NHK）。1984年擔任東京農工大學工學部助理教授，1989年升任教授，2005年擔任副校長。2007年為名譽教授。自2007年起，擔任科學技術振興機構（JST）戰略性創造研究推進事業之研究總召。應用物理學會會員。著作有『傾聽理科能力Q&A』〔『理科力をきたえるQ&A』（サイエンス・アイ新書）〕、『光與磁氣』〔『光と磁気』（朝倉書店）〕、『應用電子物性工學』〔『応用電子物性工学』（コロナ社、共著）〕『應用物性』〔原文：『応用物性』（オーム社）〕、『半導體物性Q&A』〔『半導体物性なんでもQ&A』（講談社）〕等書。自1994年起於自宅設置太陽電池，公佈歷經15年的研究數據資料。

　　阻止地球暖化、告別對核電廠的依賴。全球永續社會上的能源政策正需要大轉變。現在，世界的能源供給有80%依附在以石油、煤炭、天然氣等以碳為根基的枯竭性化石能源，有6%依附在有安全性問題的核能方面。若說實現永續社會，必須建構在現在只有0.2%的自然能源比例能夠提高到甚麼程度來判定，也實在不算過分。

　　自然能源中最受人期待的是太陽電池。不過，目前在置換舊有能源的來源方面，力量仍未足夠。因此，必須開發更高效率、低成本、而且省資源的太陽電池。為了這個目的，必須驅使更多人參與太陽電池計畫，進行以基礎為根據的研究開發。

　　把「太陽電池」加進書名的解說書，大量地陳列在書店架上。不過，許多關心太陽電池又愛好理科的青少年，在厭倦了只適合一般大眾的解說書而打算進一步尋求專業教科書時，卻總是在半導體和pn接面這個部分不得其門而入。我意外地發現，能夠當作連接一般民眾及專業人士之間橋樑的理工科入門書非常非常地少。因此，本書的目地是希望能為今後想要學習太陽電池的高中生、專科生、大學生，以及因某些需要而站在這個領域起跑線前的其他領域工作者，提供太陽電池、支持太陽電池的半導體、以及半導體元件的基礎知識。

　　最初會先從大方向的概念部分出發，隨著閱讀進行，太陽電池有些甚麼樣的科學技術背景，以及今後會以什麼樣的方向持續研究等，皆能夠透過本書而多多少少得到解釋。

　　讀者可能會在後半部感覺有點困難。不過，重要的要點因為都有反覆說明，希望讀者能在閱讀的同時逐步理解。那樣的話，應該就能夠瞭解大部分太陽電池的基本事項吧。

　　本書如果能成為向專業教科書前進的好嚮導，將是我莫大的榮幸。

佐藤勝昭

「太陽電池」目錄

第5章　太陽電池的半導體入門（上級篇）　125

第6章　太陽電池的半導體元件入門（上級篇）　161

第 7 章　今後的太陽電池（上級篇）　177

登場人物介紹

★ 基礎知識蛙，蹦太蛙

本系列的主要人物。喜歡製作東西，對任何事物都有興趣。期望自己能有一天製造出劃時代的產品。

★ 導覽人物

電洞小子
記取在書籍《電子》的經驗，這是第2次登場。若想要從光取出電，我和電子仔是不可或缺的人物呢！這次也請多多指教喔！

電子小子
我總是跟太陽先生在一塊，所以太陽眼鏡是我的必備品。服裝也絕對是夏季裝扮。如果有更多人真心地致力於太陽光發電的話，未來一定會變得更明亮的！

第 1 章

太陽光與太陽電池
（入門篇）

傾注到地球的太陽光能量大概是多少？

把光轉換成電氣的太陽電池元件的轉換效率該如何求得？

轉換效率無法變成100%是真的嗎？

各式各樣，回答您與太陽光發電基礎相關的種種疑問！

現在為什麼需要太陽電池①
由南極的冰為證，表示 CO_2 劇增

若測量冰封於南極冰床中大氣的二氧化碳（CO_2）濃度，如圖1所示，18世紀末大約是280ppm左右，到了20世紀超過300ppm，於1960年劇增，21世紀時已超過350ppm了。根據日本氣象廳2010年發佈的資料，目前已高達390ppm。雖然地球的平均溫度因各種因素而產生變化，但如圖2的（a）所示，這100年之間溫度上升了0.74℃，變化的模樣和 CO_2 濃度變化曲線及傾向極為相似。

為什麼 CO_2 濃度會使地球溫度上升呢？據說，那是因為原本從地球往宇宙輻射的紅外線被空氣中的 CO_2 吸收，而使地球剛好變成如同一間巨大的塑膠溫室般。用英文表示這種狀況時稱為「Green House Effect」，在中文則叫作**溫室效應**（或溫室效果）。

CO_2 主要是燃燒煤炭或石油等化石燃料而產生。我們雖然會在炊事、溫水淋浴、冷暖氣時使用電力，但該電力的一半以上是由火力發電供給。因此，人類必須專心致力於減少 CO_2 的排放量。

2009年1月，美國總統歐巴馬（Barack Obama）變更當時的政策，提倡了以低碳社會為目標的「綠色新政（Green New Deal）」。而且，2009年9月時，時任的日本首相鳩山由紀夫在國聯總會上，約定日本在2025年之前，溫室效應氣體的排放量要減少25%。

因此，我們不得不從化石燃料以外的方法中尋找出必要能源。雖然有核能發電當作候補選項，但如同2011年日本東北大地震伴隨的核能發電廠事故可知，具有安全性方面的問題。因此，在此受到矚目的，是**可再生能源**。

重點
Check!

●二氧化碳（CO_2），為地球帶來「溫室效應」
●CO_2 主要是燃燒化石燃料而產生

圖1 大氣中二氧化碳濃度的推移

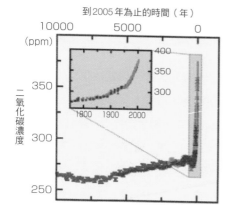

到2005年為止的時間（年）

表示過去1萬年大氣中二氧化碳的濃度變化（圖中的擴大圖是1750年以後的變化）。1960年以前的數據，是測量冰封於南極冰床的二氧化碳氣體而得到的資料（不同顏色的標幟是表示不同研究）。1960年以後的數據（紅線），是空氣中二氧化碳的測定值，可知自1900年左右至最近的100年之間有急速增加的傾向

出處：IPCC第四次報告書（2007）

圖2 觀測值的變化

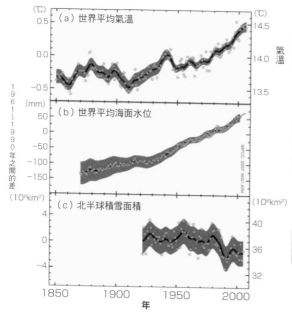

世界平均氣溫，大概在1900年為止約變化13.7℃±0.2℃，但到2005年為止的100年之間，上升了0.74℃

藍點是潮位表量測的數據資料，紅線是從人造衛星測量的資料。可知到2005年為止的100年之間，增大了約150mm

積雪面積方面，這80年間等同於減少了日本國土約5倍的200萬km²

出處：IPCC第四次報告書（2007）

002 現在為什麼需要太陽電池②
可再生能源當中最輕巧簡單的一項

　　化石燃料的煤炭、石油、天然氣，及核能燃料的鈾，稱為枯竭性能源。相對於**枯竭性能源**，以來自於在自然界反覆的能源流動，同時還能以和使用該能源同等以上的速度再生，把這樣的能量源稱作**可再生能源**。

　　可再生能源的根本，是太陽及月亮。太陽的能源，如圖1所示，可直接取得的是太陽能熱水器、太陽電池；可間接取得的是透過水的循環、風的循環而利用於水力發電、風力發電、遊艇帆船等，其他還有經由太陽恩惠而成長的植物，也能夠成為生質能、生質酒精。另外，因月球引力引起的潮位變化與潮汐現象外，也有利用因地球內部岩漿引起的地熱發電。

　　把水力發電以外的可再生能源稱作**新能源**。新能源的總量，不超過一次能源總供給的3%。而且，在一半以上的廢棄物發電等項目上，太陽光的直接利用也並沒有那麼進步。

　　本書的主題──太陽電池，由於可當作電能輸出，和太陽的熱能運用相比，具有使用起來較方便的特徵。把光轉換成電能，使用了名為**光起電力效應**（又稱「光伏特效應」，Photovoltaic Effect）的半導體物理現象。詳細內容會在（011）及第6章中論述，這裡僅簡略地簡單說明。所謂的半導體，是使用於IC晶片等的材料。若在上面照射光線，會產生正極及負極的電荷。如果分離此電荷，便能在外部回路上取出電能。為了能達到這樣的結果，需要一點裝置。這個裝置就是**pn接面二極體**（俗稱pn二極體）。請事先記好半導體當中有p型和n型，使用該組合可以分離電荷作為光起電力取出電能。

重點 Check!
●來自於自然的能源流動，能夠再生的可再生能源
●熱水器、太陽電池、水力發電、風力發電等都是來自於太陽光

圖1　太陽等自然恩惠帶來的可再生能源

雨

風

太陽能
熱水器

太陽電池

風力發電

風

上升氣流

水力發電

生質能

生質酒精

太陽能熱水器和太陽電池是直接利用太陽光。水力發電、風力發電和遊艇帆船，是利用太陽光所帶來的水或空氣循環。生質能和生質酒精，是利用太陽恩惠下孕育出的植物

圖2　太陽電池的發電原理

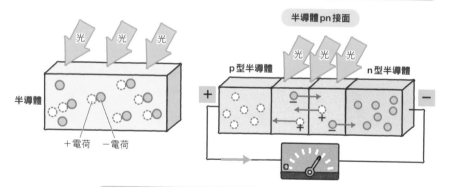

半導體pn接面

光　光　光

p型半導體　　　　　　　　　　n型半導體

半導體

＋　－

＋電荷　－電荷

在半導體上照射光線的話，會產生一對正極及負極的電荷，但是不會發電（左圖）。若製作pn接面裝置的話，正極和負極會分開，而能夠導電（右圖）

用語解說

一次能源 → 化石燃料、鈾、太陽光等，可直接從大自然取得的能源。電氣、市用瓦斯、汽油等加工後得到的產物，則稱為二次能源。

傾注至地球的太陽光能量是 1.37 kW／m²

太陽電池，是接收太陽光用以發電的裝置。因此，在學習與太陽電池相關的知識之前，必須先估算太陽光具有多少程度的能量。這在之後學習和太陽電池的變化效率相關內容時，應該會有所幫助。

先試著計算傾注至 1m²（平方公尺）地面的太陽光能量是多少瓦特（W）。太陽是半徑約 6.96×10^3 km 的氣態天體。太陽在氫原子因**核融合**轉換成氦原子時會釋放出熱能源。由於從高溫的太陽表面 1 秒內黑體被輻射的光能源是 3.85×10^{26} J（焦耳），可知太陽能量是 3.85×10^{26} W。傾注至地球大氣圈外的能量密度 P，除以以太陽為中心的半徑 1.496×10^{11} m 的球體表面積 $4\pi \times (1.496 \times 10^{11}\text{m})^2$，可得算式如下。

$$P = \frac{3.85 \times 10^{26} \,(\text{W})}{4\pi \times (1.496 \times 10^{11} \,(\text{m}))^2} \fallingdotseq 1.37 \,(\text{kW}／\text{m}^2)$$

此算式稱為**太陽常數**。

抵達地表的光能量密度，因為通過了空氣層，會受到氮氣、氧氣、水蒸氣、二氧化碳等分子吸收，比大氣圈外的值 P 變得更微弱。把通過的空氣量稱作**大氣質量**（Air Mass，AM），在大氣圈外是 AM-0，從天頂垂直射入時為 AM-1，在中緯度地帶因認為通過 1.5 倍的空氣層，因此以 AM-1.5 稱之。AM-1.5 的太陽光能量密度**約是 1kW／m²**。

假設有轉換效率 100% 的太陽電池。若受光面積是 1m² 的話，應該可以導出最大 1kW 的電力。由於實際的家用太陽電池的轉換效率是 10～20%，從每邊長 1m 的正方形太陽電池能導出的電力是 100～200W。

重點
Check!

● 傾注至地球大氣圈外的太陽光能量密度 P 是 1.37 kW／m²
● 在地表的太陽光能量，因大氣吸收之故，約成為 1kW／m²

圖1　計算傾注至地球的太陽光能量

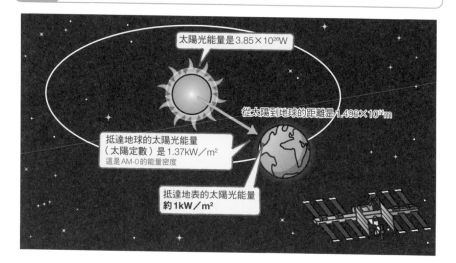

太陽光能量是3.85×10²⁶W

從太陽到地球的距離是1.496×10¹¹m

抵達地球的太陽光能量
（太陽定數）是1.37kW／m²
這是AM-0的能量密度

抵達地表的太陽光能量
約1kW／m²

圖2　計算傾注至地表的太陽光能量

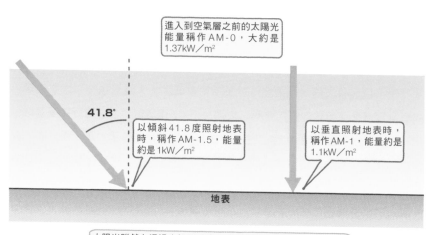

進入到空氣層之前的太陽光
能量稱作AM-0，大約是
1.37kW／m²

41.8°

以傾斜41.8度照射地表
時，稱作AM-1.5，能量
約是1kW／m²

以垂直照射地表時，
稱作AM-1，能量約是
1.1kW／m²

地表

太陽光雖然在通過空氣層時會衰減，尤其在中緯度地方因光線
通過空氣層的長度約是低緯度地方的1.5倍，因此更容易衰減

用語解說

能源（energy）及能量（power）→ 能源（單位J：焦耳）的過程稱作能量（單位
W：瓦特）。1J的能源於1秒內流過時，所產生的能量為1W。意即W＝J／s。

地球從太陽獲取的能源
以石油換算一年達 100 兆噸

如（003）中所計算，每秒每 1m² 單位，會有 1.37kJ 的能源從太陽傳遞到地球。地球的投影面積 S，因地球半徑是 6.378×10⁶m，因此可求得算式如下。

$$S = \pi \times (6.378 \times 10^6 〔m〕)^2 = 1.28 \times 10^{14} 〔m^2〕$$

而地球**1秒內**從太陽取得的能源 E 則為

$$E = 1.37 〔kJ／m^2〕 \times 1.28 \times 10^{14} 〔m^2〕 = 1.75 \times 10^{14} 〔kJ〕 = 175000$$
〔TJ〕（太焦耳，Tera Joule）。

1 年份，則再乘上 $t = 365 \times 24 \times 3600s = 3.1536 \times 10^7 〔s〕$，成為接收 **5.52×10²⁴〔J〕**的能源。其中約 30% 由於會因雲等物質反射到宇宙，因此**地球實際接收到的能源是 3.86×10²⁴〔J〕**。

將其換算成石油，會是

1 石油換算噸＝ 41.9〔GJ〕＝ 4.19×10^{10}〔J〕

則每年有 **9.22×10¹³ 石油換算噸（約 100 兆噸）**的能源。透過此能源可引起水循環，還能帶來雨。水力發電就是使用這個水。太陽光也帶來大氣循環。風氣發電便是使用該空氣的移動。人類在 2007 年消費了 117 億石油換算噸的化石燃料（煤炭及石油），但這些是數億年前的生物接收了太陽光而生育，最終成為化石，可說是遠古的太陽能源罐頭。如此看來，應可注意到我們切身的能源源頭幾乎都是源自於太陽。

假如人類持續現在的能源消費，可以推算出 2030 年時一年會需要 171 億石油換算噸的能源。即使如此，若跟接收到的太陽能源相比，實在不是什麼驚人的大數字呢！

重點 Check!

● 地球 1 年內接收到的來自太陽的全能源是 3.86×10²⁴J
● 若換算成石油，等同於 100 兆噸

圖1　地球從太陽獲取的能源

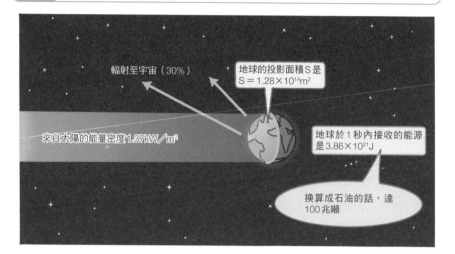

輻射至宇宙（30%）

地球的投影面積S是 S = 1.28×10^{14}m^2

來自太陽的能量密度1.37kW／m^2

地球於1秒內接收的能源 是3.86×10^{21}J

換算成石油的話，達 100兆噸

圖2　化石燃料是太陽光的罐頭

由於好幾億年前的生物變成了化石燃料，可說化石燃料是太陽光的罐頭

用語解說

石油換算噸〔Tonne of Oil Equivalent〕→ 進行不同能源的量的比較時所使用的單位。把具有相當於石油1噸發熱量的能源量稱為「1石油換算噸」。這個量等同於41.9giga焦耳。

太陽光當中也包含了看不見的光
太陽光的頻譜①

圖1，表示地表上太陽光的輻射強度頻譜。以橫軸表示波長（nm），縱軸表示每單位波長（nm）的太陽光能量密度（單位 $\mu W / cm^2$）。觀看此圖，可知太陽光的頻譜約在300nm附近上升，500nm附近達到頂峰，趨向長波長伴隨著數個凹凸再逐漸轉弱，是幅寬極廣的頻譜。為什麼頂峰會出現在500nm附近？為什麼會呈現出凹凸狀？等疑問，會在（*006*）說明。

人類肉眼可見的光線稱為**可視光線**，是用淺黃色表示的380～780nm的波長範圍。哪個波長看上去是何種顏色，如圖1下方所示。比380nm波長短的光稱為**紫外線**（UV），肉眼無法看見。此外，比780nm波長長的光叫作**紅外線**，這個也是肉眼看不到的。

如此一來，從太陽輻射出的光當中，不僅有人類肉眼可看見的可視光線，也包含了肉眼看不到的紅外線及紫外線。其存在比例如圖1的圖表所示，可視光線有52%，紅外線有42%占了大半，而紫外線有約5～6%。也就是說，太陽光的一半是肉眼看不見的光。

由於太陽電池使用了半導體，如後文所述，半導體因為其本身特性之故，只有波長比臨界波長短的光能轉換成電能，因此大部分的紅外線能量無法利用。

如第2章的（*026*）中所詳細說明般，目前正研究透過重複堆疊數層臨界波長不同的半導體，並減少未使用的部分，開發能有效利用太陽光的**多接面串疊型構造**的太陽電池。

重點
Check!

●太陽光，除了可視光線外，也包含了肉眼看不到的紫外線及紅外線
●能變換成電氣的，只有波長比半導體固有的臨界波長更短的光

圖1 在地上的太陽光分光輻射強度頻譜（spectre）

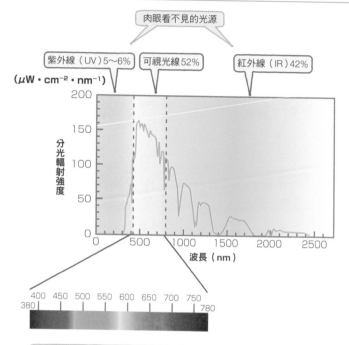

肉眼看不見的光源

紫外線（UV）5～6% 可視光線52% 紅外線（IR）42%

（μW・cm^{-2}・nm^{-1}）

分光輻射強度

波長（nm）

380 | 400 450 500 550 600 650 700 750 | 780

太陽光頻譜的頂峰雖然是綠色，但可看出藍色或紅色的成分也充分包含在其中。由白晝太陽照射過的紙所散發出的散光，包含了幅寬廣泛的各種波長，使我們感覺到一片白皙。旭日及落日時分，因空氣層導致的瑞立散射（Rayleigh Scattering）散射出藍色成分，由於該成分不會傳遞到我們的眼睛，因此看到的太陽會呈現紅色

太陽光有一半的能量是肉眼看不到的喔！

用語解說

頻譜（spectre）→ 把光線或電磁波的強度分解成波長或頻率的表示圖。

006 太陽光當中也包含了看不見的光
太陽光的頻譜②

太陽光的表面溫度是絕對溫度6000度（6000K）。從高溫物體經由黑體輻射而釋放出光。黑體輻射光強度的波長分布（頻譜）在某個波長具有高峰。這個高峰波長，隨著溫度變高會往波長短的一側移動。即使是氣體燃燒器（gas burner）的火焰，也和在空氣多的低溫火焰是紅色、氣體多的高溫火焰是藍色等，具有相同原理。一旦和類似天狼星B（11000K）的藍星相比，太陽因為是溫度較低的星體，所以顯現出紅色。

把運用普朗克（Max Planck）輻射定律所計算出的6000K的**黑體輻射頻譜**以圖1表示。從波長每150nm的紫外波長起來，在500nm附近達到頂峰，是隨著波長變長而逐漸趨緩減少的平滑頻譜。

不過，實際在**大氣圈外測量到的太陽光頻譜**（AM-0），會如圖2的紫線一樣，呈現出凹凸狀態。凹陷處是經由太陽氣體中蘊含的氫氣、鈉、鈣、鎂、鐵等的原子吸收〔也就是佛朗荷夫譜線（Fraunhofer lines）〕所形成的物質。

接著，一旦在空氣中繼續前進，會因瑞立散射而像圖2的塗藍部分的外側線一般，紫外光會在1.0μm的位置從波長短的可視光線開始衰減。而且，受到透過臭氧層的臭氧（O_3）、空氣中的水（H_2O）、氧氣（O_2）、二氧化碳（CO_2）等的氣體分子振動（淺藍色部分）之吸收，傳達到地表的光會如深藍色般，變成具有凹凸的AM-1頻譜。

由於紫外線（UV）會被臭氧吸收，幾乎不會傳遞到地表，不過，近年因為氟利昂的氟氯碳化物（Freon gas）破壞了臭氧層，導致紫外線增加，著實令人擔心會成為皮膚癌的原因。

重點
Check!
●太陽光的輻射強度頻譜大略可以用6000K的黑體輻射解釋
●紫外光會因瑞立散射衰減，紅外光會因氣體分子衰減

圖1 在6000K的黑體輻射頻譜強度

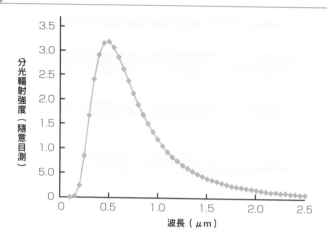

圖2 通過大氣時頻譜的衰落

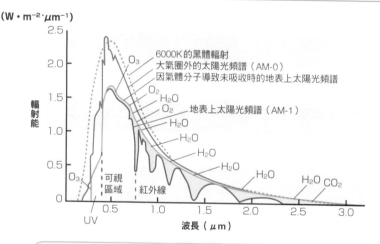

可看出一旦通過地球上的大氣，會因水（H_2O）、氧氣（O_2）、二氧化碳（CO_2）導致吸收下降（衰弱）

（參考：《太陽光發電入門》濱川圭弘 著，オーム社，1981年）

用語解說

瑞立散射（Rayleigh Scattering）→ 因氣體分子導致光散射的準確率會與光波長6次方成反比的定律。晴天時可看見天空的湛藍，是因瑞立散射引起短波長的藍光和紫光散射造成。

依不同季節、時間、天候
會產生如此大變化的太陽光能量

　　圖1所表示的是某個晴朗日在筆者家中測量的日照計（傾斜面26.5°）輸出（日照強度）之時間變化。可看出從清晨破曉開始，隨著時間經過，太陽接近正上空時日照強度跟著增大，於11點半左右達到最大之後，下午因從傾斜方向照射而強度變小，光量伴隨著日落逐漸消失。把太陽能發電面板固定在屋頂時，發電出力幾乎是和日照計呈現相同的時間變化。某地點的日照時間變化，可以從該地點的經緯度、日時、太陽高度、方位、面板傾斜角度的模擬計算出來。此曲線下的面積，便是1日分的傾斜面日照強度[註]。

　　圖2是在筆者家中測量之2008年9月1日日照量（1天分的傾斜面日照強度依時間積分的光能源）的月變化。**1天當中晴朗日雖有6kWh／m^{2}的日照量**，但陰天仍有3kWh／m^{2}程度，即使**雨天也還有接近1kWh／m^2**。因為雨天依然有散射光存在，所以不會變成零。

　　圖3是某年日照量的年變化。在多雨的梅雨季節及日照微弱的冬季呈現出較低數值。

　　由此，應該能瞭解**太陽光和風力等自然能源是變動劇烈能源**之來處。

　　作為抑制由自然能源引起電力系統發動之對策，伴隨利用IT技術以避免供應端和需求端的錯誤搭配，目前正進行組合蓄電池製作成安定之**智慧型電網**（smart grid）的研究。

重點 Check!
- ●太陽光的日照強度會隨著時間變化，於正中午時達到顛峰
- ●雨天一樣會有散射光，因此日照量不會變成零

注：在大規模太陽光發電設施（Mega Solar，指一兆瓦以上大規模的太陽能發電設施）中，因面板方向經常會隨著時間尾隨著太陽光移動，因此幾乎都能在太陽出現的時間內得到一定程度的輸出電力。

圖1 某個晴朗日的日照計之強度變化（在筆者家中的測量結果）

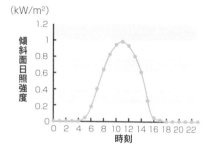

(kW/m²)

縱軸：傾斜面日照強度

橫軸：時刻

在筆者家中測量的傾斜面（僅水平傾斜26.5度的傾斜面）的日照強度。隨著清晨破曉而上升，於正中午時（11點半左右）達到頂峰，之後逐漸減少於日落時幾乎成為0。

圖2 2008年9月1天日照量的月變化（在筆者家中測量）

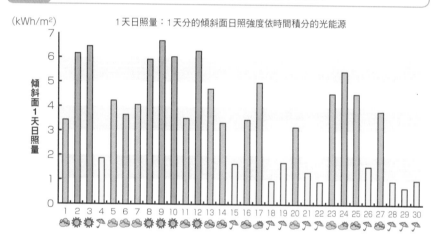

(kWh/m²)　　1天日照量：1天分的傾斜面日照強度依時間積分的光能源

縱軸：傾斜面1天日照量

圖3 某年之每月間日照量的年變化（在筆者家中測量）

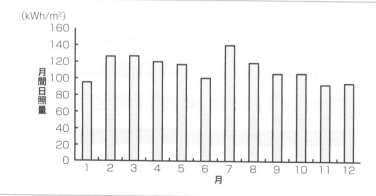

(kWh/m²)

縱軸：月間日照量

橫軸：月

008 翻開太陽電池的歷史
該起源竟可溯及19世紀！

翻開太陽電池的歷史，竟然是在1839年由名為亞歷山大‧愛德蒙‧貝克勒爾的法國學者所發現命名為**貝克勒爾效果**（Becquerel etfect）的現象。如圖1所示，在電解液中放置兩塊電極，在其中一方的電極上照射可視光線或紫外線的話便會產生電動勢（electromotive force）。這應該可說是**染料敏化太陽能電池**（Dye-sensitized Solar Cells，DSSCs）（參照 054）的起源。直到1883年，才由美國發明家查爾斯‧菲特（Charles Fritts）發現在半導體材料「硒（Se）」上塗了一層微薄的金膜後照射光線，便可以產生**光起電力**（又稱「光伏特效應」，Photovoltaic effect）。這時的能量轉換效率只有1%。在（002）提到以pn接面為基礎的太陽電池，是1941年由美國貝爾研究所一位名為Russell Ohl的技術員以「光學傳感器元件」取得最初的專利。是比電晶體發明之前還更早10多年的事。

最初的實用性太陽電池，是1953年時，由貝爾研究所的三位科學家皮爾斯（Pearson）、芙拉（Fuller）、賈賓（Chapin），運用單結晶矽開發而成。當時的轉換效率雖然只有2.5%，但貝爾研究所於1956年已成功達到6%的轉換效率。

到了1958年，美國首度把單結晶矽太陽電池當作電源搭載在人造衛星先鋒1號（Vanguard I）上（圖2）。至1990年代，太陽電池的開發持續演進，在澳洲的新南威爾士大學（The University of New South Wales）便發表了24.5%的高效率單結晶矽元件，不過，在那之後尋求高效率的研究熱潮卻逐漸式微。現在，用於宇宙的是化合物半導體的多接面薄膜元件。此物質具有35%的高轉換效率。

為了減少用於太陽電池的半導體的量，以及減少花費在製造的能源，目前正積極研究使用CIGS（$CuIn_{1-x}Ga_xSe_2$）等光吸收能力強的半導體薄膜，所製造出的太陽電池。實用化逐漸演進，進一步的發展格外令人期待。

重點 Check!
- ●太陽電池的始祖，可追溯到19世紀的科學家貝克勒爾
- ●實用的矽太陽電池，是美國於20世紀中期開發出來的

圖1 貝克勒爾效果

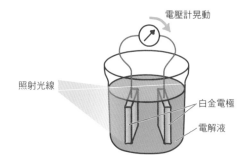

電壓計晃動

照射光線

白金電極

電解液

A.E.Becquerel

圖2 美國首次搭載於人造衛星上的太陽電池

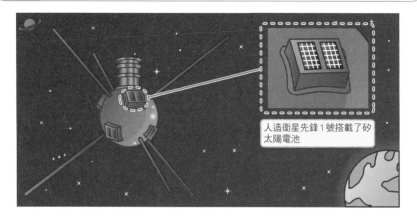

人造衛星先鋒1號搭載了矽太陽電池

先鋒1號的太陽能板在歷經半世紀的現在依然持續運作著，實在是很厲害呢！

把光轉換成電氣的
是構成太陽電池元件的半導體

把光轉換成電氣的基本組件，是**太陽電池元件**（Solar Cell）。現在市售的太陽電池元件是使用半導體，可以把光能源的一部分轉換成電氣能源。雖然說太陽電池是「電池」，但要是沒有光，便完全不會有電產生。因為它和乾電池及蓄電池不同，它本身不具蓄藏電氣的性質，因此正確應該稱它為「**太陽能發電器**」。

半導體究竟是什麼？詳情會在第5章說明。若簡單解釋的話，所謂的半導體，是位於「導體」和「非導體」（絕緣體）中間，電流容易流過的物質，範圍從靠近導體之「電阻率較低的狀態」，到靠近非導體之「電阻率較高的狀態」，數值廣泛，而且還能夠以人工方式控制電阻率。

半導體的代表是矽。矽的結晶是排列在圖1左側具有銀色金屬光澤的圓柱狀固體（晶錠）。這些晶錠切片後，就是右側的晶圓。

矽晶圓可以製造出如圖2的二極體、電晶體等半導體元件（device），甚至能製造出裝載了精細回路的CPU或DRAM等積體回路（IC）。

如圖3所示，積體回路被使用於電視、手機、隨身聽、電腦、鐵路或公車的IC卡等物品的核心部位。正如您所知，積體回路已在日常生活中占有不可缺少的地位。

半導體是太陽電池的主角。關於使用半導體來把光轉換成電的構造，將在（010）論述。如第4章所述，除了矽以外，尚有砷化鎵（GaAs）、CIGS等各式各樣的半導體使用於太陽電池。

重點
Check!

●半導體的元件，被應用在日常生活的各種地方
●作為太陽電池材料而最常被使用的是矽

圖1 代表半導體的矽

所謂的半導體，是位於「導體」和「絕緣體」中間，電流容易流過的物質。半導體的代表是矽

左邊的圓柱是晶錠，右邊是晶圓

圖2 可由矽晶圓製造出各式各樣的半導體元件

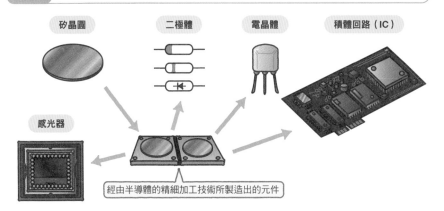

矽晶圓　　二極體　　電晶體　　積體電路（IC）

感光器

經由半導體的精細加工技術所製造出的元件

圖3 半導體的積體電路被當作核心元件所製造出的各種產品

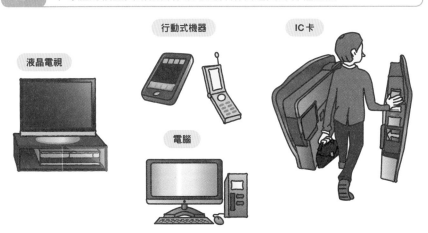

行動式機器　　IC卡

液晶電視

電腦

010 太陽電池元件的內容是 pn接面二極體

　　圖1是以模擬形式描繪身為矽太陽電池元件之心臟部位——**pn接面二極體**（PN Diode）的結構。如圖所示，是由n型矽和p型矽重疊而成的物質。純粹的矽結晶電阻較高，電氣不會流過。然而，一旦在純淨的矽裡添加一點點雜質，電氣便可以流過。電氣的推手（載子）是**電子**或**電洞**（電子游移後殘留的孔穴）。只要在純淨的矽裡添加微量的燐，電子便會成為搬運電氣的n型矽半導體。另一方面，若添加微量的硼，電洞便會成為搬運電氣的p型矽半導體。

　　若n型和p型緊密連結製成**pn接面**（亦稱「pn結」，p-n junction）的話，如圖2所示，成為帶有**整流性**（Rectifying，p型側為正極時電流會流動，n型側為正極時電流不流動的性質）的**二極體**（Diode）。

　　只要在這個二極體上照射太陽光，n型側會變為負極、p型側會變為正極，便可以引導出電力。這就是太陽電池。貢獻在太陽能發電上的並非是蘊含在n型矽和p型矽當中的電子或電洞，而是透過光照射，在矽當中產生的電子和電洞的**光載子**。那些光載子經由製造pn接面而在接合面附近產生固定的電位差（內藏電位），電子因此被引導至n型側的電極，電洞則被引導至p型側的電極，導致p型變為正極而n型變為負極。

　　關於為什麼添加燐可使矽變成n型，而添加硼會變為p型的理由，會在第5章詳細解釋。另外，經由製造pn接面引起內藏電位生成的原因，則會在下一篇（011）中說明。

●太陽電池元件的心臟部位，是半導體的pn接面二極體
●一旦在pn接面上照射光，會形成多餘的電子和電洞，運用內藏電位分離

圖1 構成太陽電池元件的pn接面二極體成立

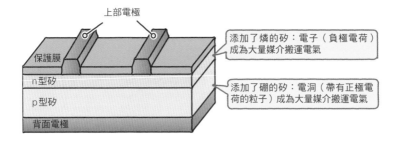

上部電極

添加了燐的矽：電子（負極電荷）成為大量媒介搬運電氣

添加了硼的矽：電洞（帶有正極電荷的粒子）成為大量媒介搬運電氣

保護膜
n型矽
p型矽
背面電極

圖2 pn接面二極體的整流性

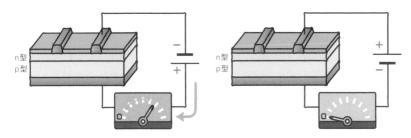

n型
p型

n型
p型

把p型側放在正極，n型側放在負極便會產生電流（順方向）
把n型側放在正極，p型側放在負極便不會產生電流（反方向）

圖3 pn接面二極體一旦照射了光，便會產生電動勢

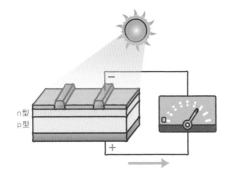

n型
p型

經由光照射，產生電子和電洞的對，被經常產生於pn接面上的電位差（p側是負極、n側是正極）引導，電洞被p側電極拉近，電子被n側電極拉近，隨後，p便變成正極，而n變成負極的電動勢

011 太陽電池元件之 pn接面二極體的運作

　　太陽電池的心臟部位雖然是半導體，但單獨只有半導體（例如矽）時，只有照射光是無法引導出電氣的。

　　如同圖1所說明，一旦照射了光，便會產生成對的光載子（光電子及光電洞）。因為從照射光之前便存在的載子中添加了光載子，電氣傳導度也隨之增加。將此現象稱為**光導電效果**。光導電效果運用於夜晚街燈自動點燈等裝置（參照 055）。但是，這個效果就算能夠在光學開關上使用，卻依然無法成為太陽電池。

　　如圖2，p型半導體（主要以電洞成為載子的半導體）和n型半導體（主要以電子成為載子的半導體）緊密連結。連結後，p型半導體的電洞朝n型半導體流動，n型側的電子朝p型側流動（稱此為**擴散**）。所謂擴散，一般來說，是指濃度有差異時，物質會從濃度較濃的一處往淡的一處流動的現象。比方說，放入紅墨水的水槽和清水的水槽緊密擺放，一旦拿開當中的間隔，紅墨水便會朝清水流過去，全部都會成為粉紅色。擴散便和這個狀況一樣。在接合面附近若電子和電洞相遇，電子會覆蓋住電洞導致載子消失，形成沒有載子的**空泛區**（depletion layer）空間。無論是p型側還是n型側都會產生空泛區。

　　雖然p型區域和n型區域原本的電氣性質是中性，但因為載子變少的緣故，導致電荷的平衡被崩壞，如圖2下方所示，空泛區的p型側帶有負極電，n型側帶有正極電，並產生**內藏電位**（亦稱作擴散電位）。

　　在此，如圖3所示般在接面部位照射光的話，由光生成的電子及電洞的對，會因該內藏電位分離，n型側會帶負極電，p型側會帶正極電，結果，**光起電力**會在兩端出現。

重點
Check!
●一旦製造半導體的pn接面，在接合面便會產生內藏電位
●光電子和光電洞因內藏電位分離，引起光起電力

圖1 僅在單獨的半導體上照射光，並不會產生電動勢

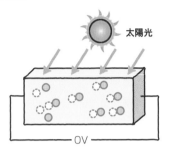

太陽光

一旦在半導體上照射光，便會生成成對的光載子。若只是在半導體上照射光，光載子對並不會分離，因此兩端不會產生電動勢（若照射光的話，媒介會增加，電氣將能夠順利流動，所以只要連接電池就能應用於光電開關）

圖2 若製造pn接面的話，會在介面附近產生內藏電位

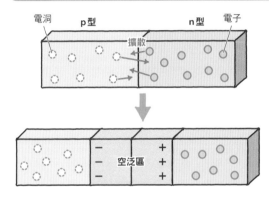

電洞　p型　　　　n型　電子
擴散

－　空泛區　＋

空泛區中，因電子和電洞都消失，導致p型區域和n型區域的電荷平衡崩解，p型側帶負極電，n型側帶正極電，產生內藏電位差

圖3 pn接面一旦照射了光，便會產生光起電力

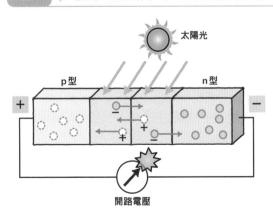

太陽光

p型　　　　n型

＋　　　　　－

在pn接面上照射光的話，依光而生成的電子和電洞會因內藏電位差分離，n型側帶負極電，p型側帶正極電，引起光電子和光電洞的移動，成為光起電力

開路電壓

012　轉換效率該如何求出？

所謂轉換效率，是表示太陽光能源的幾％能變成電能的太陽電池性能尺度，以圖1下方的公式❶定義之。圖1圖表是太陽電池的輸出電壓和輸出電流的關係。在這個圖表中標示為 Isc 的是**短路電流**（short circuit current）。短路電流如圖中的❶，是當太陽電池的端子間短路時用電流計測量到的流通電流。另一方面，標示為 Voc 的是**開路電壓**（open circuit voltage）。如圖的❷所示，開路電壓是指未從太陽電池取出電流，而使用電壓計測量到的電壓。取出的電力（圖1藍色四方形的部份）實際在電流－電壓關係圖中會呈現出曲線狀，比虛線表示的長方形面積 Voc×Isc 還要變得更小。

如圖的❸所示，負荷電阻 R_L 和太陽電池相連時，兩端電壓和流動電流的關係是用 $I = V / R_L$ 所表示的電流**負荷直線**。當此負荷直線和電流－電壓特性曲線圖的交會點相交成的長方形面積 $V_m×I_m$ 達到最大負荷時，在**最佳負荷點**可以取出**最大輸出電力** P_{max}（maximum power，peak power）。把這個值除以**受光能量**（太陽光的輻射強度 $E = 1kW / m^2$ 及太陽電池受光面積A的相乘積）的值通常以百分比表示，即為公式❶所顯示之**轉換效率 η**（eta）。以受光面積A除以電極等具光電效果的面積 Ai 時，稱為**有效轉換效率 η_i**（active area conversion efficiency）、而使用太陽電池全面積 A_e 時，則稱為**全轉換效率 η_e**（total area conversion efficiency）。全轉換效率只有有效轉換效率的80～90％。把最大輸出電力 P_{max} 及虛線面積 $V_{oc}×I_{sc}$ 的比（公式❷）稱作**曲線因子**（亦稱「充填係數」，fill factor），以 FF 表示。相反的，只要知道 V_{oc}、I_{sc}、FF，根據公式❸，便能夠計算出**最大輸出電力**。

轉換效率中，分別有小面積的**元件轉換效率**，及大面積的**模組轉換效率**。一般來說，模組轉換效率只有元件轉換效率的70～80％。

重點
Check!

●轉換效率，是使用對太陽光能量（輻射強度×受光面積）的百分率來表示從太陽電池取出之最大電力

圖1 太陽電池的電壓－電流特性

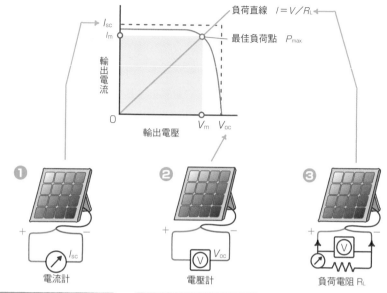

負荷直線 $I = V / R_L$

I_{sc}
I_m ○ 最佳負荷點 P_{max}

輸出電流

0 V_m V_{oc}
輸出電壓

❶

I_{sc}
電流計

所謂的短路電流 I_{sc}，是指太陽電池的輸出端在短路時所流出的電流

❷

V_{oc}
電壓計

所謂的開路電壓 V_{oc}，是指太陽電池的輸出端未與負荷相連，而在電流未流出的狀態下所測量到的電壓

❸

負荷電阻 R_L

負荷直線，是指連接負荷電阻 R_L 時，電阻兩端出現的電壓和流出電流的關係

太陽電池的電壓－電流特性曲線及負荷曲線的交會點內接的長方形面積，在成為最大的負荷時是最佳負荷點，此時的電力是最大輸出電力

$$轉換效率\ n = \frac{取出的最大電力 P_{max}〔kW〕}{輻射強度 E〔kW/m^2〕× 受光面積 A〔m^2〕} × 100〔\%〕\cdots\cdots 公式 ❶$$

$$曲線因子（FF）= \frac{P_{max}}{V_{oc} I_{sc}} × 100〔\%〕\cdots\cdots 公式 ❷$$

最大輸出電力＝開路電壓（V_{oc}）× 短路電流（I_{sc}）× 曲線因子（FF）……公式 ❸

013 轉換效率無法達到100%的原因

現在的太陽電池轉換效率大概是20%。那麼,若持續研究開發的話,是否能達到100%的轉換效率呢?很可惜,單獨的太陽電池轉換效率不會達到100%。若探究原因,可如圖1般看出幾點損失因素。

(1)因穿透的損失

以矽的情況為例,由於有比相當於能隙(band gap)的1.1μm還長之波長的光穿透,因此太陽光當中的15～25%無法變換成電氣。

(2)因光學因素(反射及散射)的損失

由於表面散射及反射之故,未進入到半導體的光無法轉換。

矽一旦未做防止反射的表面塗層,大概會反射40%的入射光。

(如第4章所論述,可透過防止反射膜或組織結構加工來改善。)

(3)因電壓因素的損失

由於開路電壓無法超過內藏電位,因此該差額便成為損失。

剔除以上損失的即為**理論最大轉換效率**。這個值依存在半導體的能隙,矽當中有26%、砷化鎵(GaAs)當中有28%、CIS(CuInSe$_2$)當中有23%(關於理論最大轉換效率,請參照第6章)。

在實際的太陽電池中,還會如圖1的下圖般,會因**再結合損失、焦耳熱損失**(由半導體散料內部的電阻導致發熱)等的損失因素,而無法達到理想的數值。

重點
Check!

●入射光的能源轉換成電氣之前會因各種理由損失
●轉換成電氣之後,也會因再結合或電阻而損失

圖1 | 降低轉換效率的各種原因

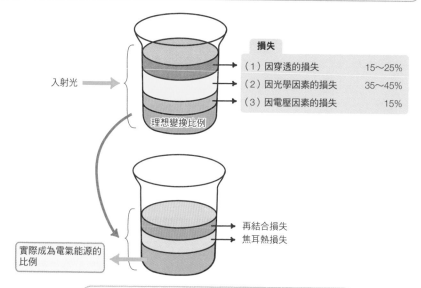

損失

(1) 因穿透的損失　　　　　15～25%
(2) 因光學因素的損失　　　35～45%
(3) 因電壓因素的損失　　　　　15%

入射光 ⟶

理想變換比例

再結合損失
焦耳熱損失

實際成為電氣能源的
比例

由於有各種損失因素，所以即便是理想狀態，轉換效率也只會停
留在20～30%。在實際物體中還必須再增加因表面或散裝載子
的再結合損失，以及因焦耳熱導致的損失

用語解說

能隙（band gap）→ 半導體中可以帶電的能
源，被限定在名為價電子帶（亦稱「價帶」，
valence band）、傳導帶（亦稱「導帶」，
conduction band）的能源帶（頻帶）之中。
兩個頻帶之間的能源範圍稱作能隙，電子無法
有這個範圍的能源。單純的半導體中，在極低
溫時電子僅存在於價帶，傳導帶變成一片淨
空。當溫度升高時，電子因熱能而跳過能隙，
進而轉移到空曠的傳導帶中。頻帶及能隙的詳
細說明，請參照第5章（057）之後的解說

再結合損失 → 因光而在p型區域生成的電子
與p型區域的多數載子電洞結合後消失；或在
n區域生成的電洞與電子結合後消失，導致未
帶來光起電力等損失。有在表面引起的，以及
在結晶本體引起的。詳細請參照（077）。

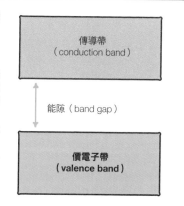

傳導帶
（conduction band）

能隙（band gap）

價電子帶
（valence band）

014

太陽能面板（太陽電池模組）是由多數晶片元件組合而成

　　圖1的（a）表示的是筆者在自家屋頂上設置的太陽電池。這個稱作**太陽電池陣列**（photovoltaic array），是組合**太陽電池模組**（photovoltaic module）的面板。太陽電池陣列是像（b）那樣以串聯並聯的方式配置模組構成。（c）所表示的太陽電池模組（參照 *028*），是如圖2般用串聯方式接續（d）的**太陽電池晶片**（亦稱「太陽電池元件」，solar photovoltaic cell）。

　　為什麼是以晶片→模組→陣列這樣的階段配置呢？

　　這是因為單1個晶片（迷你太陽電池）的**輸出電壓不高**所造成。實際上，晶片的電壓（開路電壓）是由半導體決定，它甚至不足1V的乾電池電壓，而**結晶矽僅有0.8V**而已。把這樣的晶片連續串聯25個的模組，輸出電壓可達到20V。如圖2表示之8串聯5並聯的例子中，串聯之模組列（Rod）的輸出電壓達160V，大約和電線的電壓屬於相同程度。此外，讓1邊10㎝的正方形晶片（面積100㎝^{2}）的晶片流過的電流，充其量不過4A。這個值光是用串聯是不會增加的。要使流過的電流增加，不妨嘗試用並聯連結。例如，以並聯連結5個模組的話，可以導出20A的電流。

　　如此一來，作成8串聯5並聯的陣列，即有160V、20A，換言之便是成為約3kW的太陽電池發電機。不過，太陽電池陣列的輸出是直流，而流到家庭用的電線是交流，因此是無法直接這樣連接電線使用的。透過之後論述的**電源供應器**（power conditioner），才能夠連接到電力公司配置的電線。電源供應器不僅能把直接轉換成交流，為了接續電力系統，它還必須進行電壓‧頻率‧相位的調整。

重點
Check!

●由於晶片的輸出電壓較低，必須以串聯來增加電壓
●把模組以串聯並聯的方式獲取必要的電量

圖1 太陽電池模組和太陽電池陣列

a 太陽電池陣列

b 太陽電池陣列的配線例（8串聯5並聯）

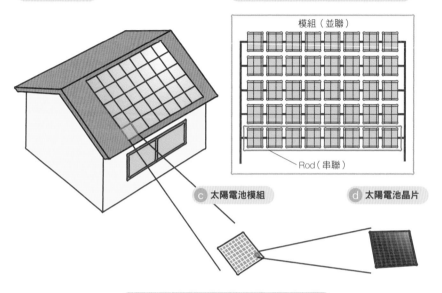

模組（並聯）

Rod（串聯）

c 太陽電池模組

d 太陽電池晶片

用串聯方式連接太陽電池晶片的是模組，用串聯
並聯方式連接模組的是陣列

圖2 在模組中用串聯連接元件可得到較高的電壓

下部電極　　上部電極

晶片元件1　晶片元件2　晶片元件3　晶片元件4　　晶片元件n

在單一晶片中由於電壓較低，和乾電池採串聯方式相同般，
以串聯方式連結數個晶片便能得到較高的電壓

015 1片太陽能面板（太陽電池模組）能發出多少瓦的電力呢？

　　太陽能面板（太陽電池模組）有各種不同的尺寸。根據不同製造廠商及不同使用目的，製出的成品尺寸亦不同。此外，發電電力也會依材料（矽、GaAs、CIS或其他）或型態（單結晶、多結晶、薄膜）不同而各自有出入。

　　舉一範例，根據S公司的型錄，多結晶矽的高輸出類型（a：外型 1650×994mm）的額定最大輸出是210W，單結晶矽的高輸出類型（b：外型 1318×1004mm）則為180W。

　　以每1m^{2}換算的話，多結晶的是128W，單結晶的是136W。在地上1m^{2}的面積裡，由於南中時從正上方傾注而來的太陽光能量有約1kW，可知只有受光的13～15%左右轉換成電氣（這就是模組的**全轉換效率**）。矽太陽電池的**元件轉換效率**大約有20%左右，其下降的原因有❶並排晶片構成模組時，無論如何都會有縫隙形成。❷光無法到達電極下方。❸因模組外側周圍需要邊框而使全轉換效率變小等。

　　在結晶矽基板上形成薄膜非晶矽（amorphous silicon）的混合型HIT**太陽電池模組**（c：外型1320×895mm）的輸出有180W，換算成每1m^{2}的話，可達152W。

　　化合物半導體系列的太陽電池模組，以大量的電力發電。例如，2009年在澳洲的競賽中獲得優勝的東海大學隊，他們搭載在太陽能汽車的InGaP／InGaAs／Ge太陽電池（圖2）的轉換效率，就有高達35%這樣的值。這個電池也被應用在宇宙項目中，但它的高成本是其困難處。

　　另外，東海大學隊也贏得了2011年的比賽，搭載在這裡的是HIT太陽電池模組（轉換效率22%）。

重點 Check!
●結晶矽的太陽電池面板，每1m^{2}能發電130W左右
●混合型的矽太陽電池面板，每1m^{2}能發電150W左右

圖1 不同類型的太陽能面板之性能

a 多結晶矽之高輸出類型

外型 1650×994mm
額定最大輸出210W

b 單結晶矽之高輸出類型

外型 1318×1004mm
額定最大輸出180W

c HIT類型

外型 1320×895mm
額定最大輸出180W

圖2 在澳洲的競賽中獲得優勝的東海大學隊所製作的太陽能汽車

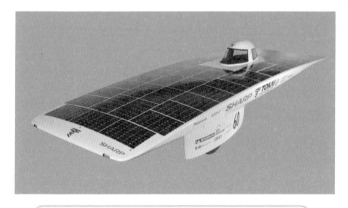

這台太陽能汽車搭載了化合物半導體類型的InGaP／InGaAs／Ge
太陽電池

用語解說

單結晶 → 材料全體的排列方位及反覆週期都維持在一定狀態的結晶。
多結晶 → 材料被分成數個細粒（結晶粒），每一顆結晶粒都像是單結晶那樣的東西。
非結晶 → 原子或分子的排列沒有規則性，而且在原子同類結合的長度和角度上略
有不齊的材料。

016

原以為太陽電池喜歡夏天耀眼的太陽 卻出乎意料發現，它對暑熱難以招架

　　夏季由於日照時間很長，日照強度也極大，一般認為對太陽電池應該十分有利。確實7～8月的發電量比其他月份的發電量多少有變得大一些，不過，卻不見得一定會大很多。這是為什麼呢？其實，是因為太陽電池有難應付暑熱這樣的狀況。

　　圖1表示的，是某夏季晴朗日在筆者家中的太陽電池模組的溫度和室外氣溫的時間變化。儘管已經考慮了通風的裝置，室外氣溫的最高值是33℃，不過，模組溫度卻高達61℃。

　　圖2表示的，是多結晶矽太陽電池之最大輸出 P_{max} 的溫度依賴性。P_{max} 每1℃以0.66%的比例降低。因為模組溫度的最高值61℃和標準溫度25℃之間存有高達36℃的差距，導致輸出也降低了0.66×36≒23.8%。本來應該要有3kW的輸出，實際上卻只有2.3kW而已。

　　為什麼溫度一升高反而輸出會下降呢？這是由太陽電池是半導體的pn接面二極體所引起的。太陽電池的動作狀態（ 010 圖3），等同於暗狀態（ 010 圖2）時的二極體加上逆向電壓的狀態。推測因溫度變高導致二極體的逆向電流增大，是輸出電壓減少的主要原因。

　　由於這個緣故，設法利用從屋頂材料中取下面板並確實安裝等方式促進通風，儘可能抑制溫度上升。

　　另外，由於HIT太陽電池表面層的非晶矽能隙大，因此不太會受到溫度上升的影響。

重點 Check!

●夏季間，因模組溫度高，約有20%以上的輸出會降低
●溫度一升高，接面的逆向電流便會增加，導致輸出下降

圖1 模組溫度及室外氣溫的時間變化

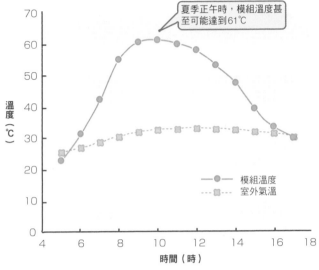

夏季正午時，模組溫度基至可能達到61℃

溫度（℃）

時間（時）

● 模組溫度
■ 室外氣溫

（夏季晴朗之日，2005年8月20日，於筆者自家）

圖2 多結晶矽之太陽電池的溫度特性

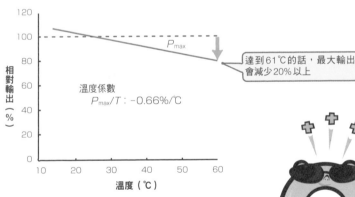

相對輸出（%）

P_{max}

達到61℃的話，最大輸出會減少20%以上

溫度係數
P_{max}/T：$-0.66\%/℃$

溫度（℃）

（參考：《太陽能源工學（暫譯）》濱川圭弘、桑野幸德 編，培風館，1994年）
（該書原文書名為：『太陽エネルギー工学』）

太陽能面板直接和家電連結
也不運作的理由　　**直流及交流**

　　乾電池和蓄電池的電氣，具有從正極往負極以單方向流動的性質。絕對不會出現兩極互換的現象。把這樣的電流稱為直流。太陽電池的輸出也是直流。**直流**就如圖1一般，符號不會隨著時間產生任何變化。

　　從電力公司配線（電線）而來的電氣屬於**交流**。交流，是隨著時間變化而正極、負極會交互循環的電流。交流如圖2一般，隨時間變化，電流所做的正弦波形狀也會變化為正極及負極。把1秒內符號變化的頻繁程度稱為**頻率**。配線的頻率在東日本是50Hz，在西日本是60Hz。

　　把太陽電池的直流電力連接到電線使用時，必須要轉換成交流才行。此外，也必須調整傳輸到電線的交流電壓，以及交流的頂峰高度（振幅）與頻率（電波的反覆），還有相位（電波變化的時點）。這些就是電源供應器的任務（圖3）。它裡面裝有把直接轉換為交流之名為**反用換流器**（俗稱「變壓器」，inverter）的裝置。

　　最近，使用直流電源的家電產品也陸續推出市面了。目前正研究著不需特地把直流轉換成交流，而直接以**直流輸送電力**之直流供電，並進行著相關實證實驗。

　　此外，電線的電阻由零的高溫超傳導電纜的直流供電之實證實驗正進行中，據稱供電損失大約是交流的超傳導供電的1／10（參考：《SEI WORLD》2010年4月號vol.391）。

重點
Check!

●太陽電池的輸出是和乾電池相同的直流
●把直流和交流相連時，需要電源供應器

圖1 | 直流電流隨著時間變化符號不會改變

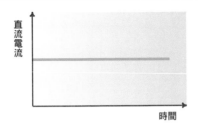

直流電流的正極與負極不會互相交換

圖2 | 交流電流隨著時間變化符號會跟著變化

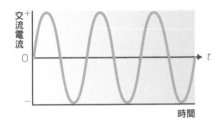

電線交流電流的大小及符號，會如圖表般隨時間變化

所謂交流，是電流會如波紋一般一下變大一下變小，流向在1秒內會交換數十次呢！

圖3 | 可收納在屋頂內等位置的電源供應器

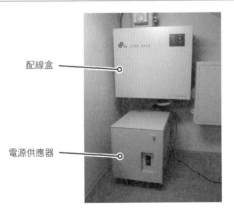

配線盒

電源供應器

電源供應器因為體積小，可以收納在屋頂內的小空間

COLUMN

在供電電線使用交流的理由

明明是供應相同的電力，但只要稍微提高一些電壓便能以較少的電流處理。這是因為電流較少的話在供電線的電力損失會比較少（把供電線的電阻視為 R，電流視為 I 的話，電力損失則為 I^2R），因而能夠提供長途供電。例如，從距離首都圈東京達200 km之遠的柏崎刈羽核電廠運送電力而來的供電電線，便是以100萬伏特（1000kV）的高電壓供電。

如果是交流電，則是使用名為變壓器（transformer）的簡樸裝置，能夠簡單地上下調整電壓。即使是居家附近，也是從6600V的高壓電線用變壓器降壓至200V、100V後配電到各家庭。

過去因為無法在直流電壓的起落上使用變壓器，因此直流配電並不容易。正因如此，才在配電電線上使用交流。現在，電力電子（power electronics）逐漸進步，直流電壓也能夠自由地調整高低，直流配電也正被研究中。

柱上變壓器

第 **2** 章

太陽電池的基礎技術
（中級篇）

本章將提及應用於太陽電池製造上的結晶增長、薄膜增長、pn接面形成、
防止反射、透明電極形成、模組化、評價技術等，
眾多基礎技術。

018　太陽電池元件上使用了多樣技術

在太陽電池元件的製作上，如圖1所示，應用了諸多要素技術。太陽電池因為是半導體元件，首先必須要具備**半導體材料製作技術**。這當中包括有單結晶的增長技術（與矽相關的記述在 *019*，與砷化鎵相關的在 *022*）、多結晶的製作技術（記述在 *020*）、薄膜的成膜技術（記述在 *021*）等多樣技術。此外，也需要單結晶和多結晶的切片技術（記述在 *021*），以及切斷面的蝕刻處理技術。

光是單一的半導體，是連一絲絲的電也無法製造出來的。必須先製作出一對p型半導體和n型半導體後，才終於能從光發電。在**pn接面的形成**上需要**雜質的摻雜技術**（doping）。在結晶類型中，會使用在p型基板結晶上摻雜n-的手法，或使用在n型基板結晶上摻雜p-的手法。

也有為了盡量把太陽光引導至半導體的**反射防止技術**（記述在 *024*），以及**組織結構形成技術**（記述在 *025*）等。

為了從太陽電池取出電流，需要**電極形成技術**。在受光面的電極中，有搭載短篓長條狀之金屬電極情況，以及使用透明導電膜（記述在 *023*）的情況。另一方面，背面電極也需要格外下工夫（記述在 *076*）。

用光製作在半導體中的光載子，有可能還沒貢獻於發電便消失不見了。例如，就算在p型矽中用光做出了電子，只要它們一和周圍大量的電洞結合，便會消失不見。將此現象稱為**再結合損失**。

這個現象，因為很容易在半導體表面引起，可透過表面**被覆處理技術**（passivation）（把表面作成非活性的技術）防範。此外，亦需要製成模組的技術（記述在 *028*）、評價已製成元件或模組之發電特性的技術（記述在 *029*）、表面內面一樣性的評價，以及確認構造是否確實完成之評價等。

重點 Check!　●太陽電池元件的製作，包括有半導體製作、元件形成、元件評價等的技術，透過這些技術的綜合，使元件可以成形

圖1 應用於太陽電池元件製作流程的各種基礎技術

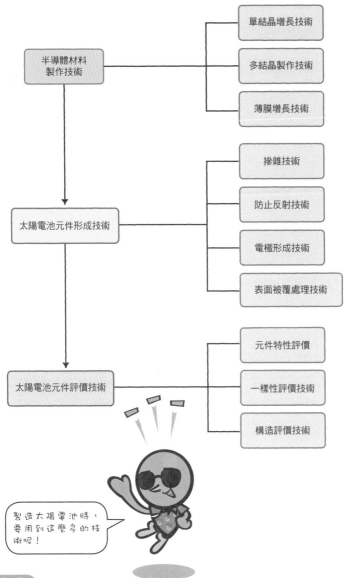

用語解說

蝕刻處理 → 應用了化學藥品等腐蝕作用的半導體加工及表面處理的方法。

摻雜技術 → 透過在半導體中堆積雜質，提高溫度而使雜質擴散到溫熱處，使半導體原子的一部分被雜質置換，進而導入電子或電洞的技術。

019 高品質單結晶矽的增長法
浮游區域法及拉晶法

單結晶矽使用高純度的矽原料，運用浮游區域法（FZ：floating zone）或拉晶法（CZ：Czochralski）使其增長。

浮游區域法（FZ：floating zone）

所謂的浮游區域法，如圖1所示，是把原料粉末固化而製成的多結晶體棒的一部分，使用加熱器或高頻線圈進行局部加熱‧融解的結晶增長法。把這種局部融解的區域稱為「頻帶」（Zone）。若從外緣移動頻帶，則會從下端開始結晶。頻帶開始固化時，由於雜質會因偏析而殘留在頻帶內，結晶的純度會因此變高。當頻帶一旦抵達頂端，結晶增長便會結束。利用此浮游區域法取得的結晶，由於融液沒有和坩堝接觸，因此可得到最高純度‧最高等級的成品，有報告指出使用此成品製造出來的太陽電池元件及模組具有最出色的轉換效率。不過，由於不易取得大口徑的物質，導致成本較高，僅能使用於研究中。

拉晶法〈CZ：Czochralski〉

所謂的拉晶法，如圖2所示，是把原料放入坩堝後再用加熱器加熱‧融解，然後將種結晶浸在融液裡，在它旋轉的同時拉提它，藉此使結晶增長的方法。種結晶開始增長的部分上，因為有大量的轉移（結晶具規則的原子排列之偏移界線）存在，為了不使其擴散，需進行名為「頸縮（necking）」的調整步驟。由於融液有和坩堝接觸，CZ法的結晶會比FZ法的品質差一些，但因為可以取得大面積的晶圓，半導體積體回路的基板及普遍型單結晶矽太陽電池的矽結晶都是用CZ法製作。

重點 Check!
● 矽單結晶，是經由FZ法或CZ法從融液固化製作而成
● FZ單結晶雖有高品質但成本高；CZ單結晶品質雖然差一點卻是低成本

圖1　浮游區域法（FZ法）

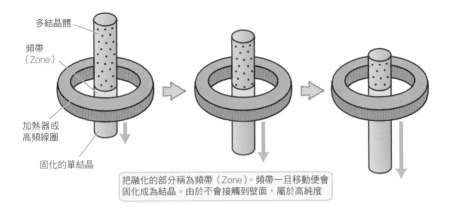

多結晶體
頻帶（Zone）
加熱器或高頻線圈
固化的單結晶

把融化的部分稱為頻帶（Zone）。頻帶一旦移動便會固化成為結晶。由於不會接觸到壁面，屬於高純度

圖2　拉晶法（CZ法）

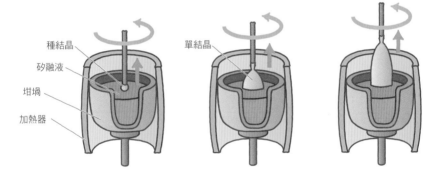

種結晶
矽融液
坩堝
加熱器
單結晶

在坩堝中的融液裡弄上種結晶，一邊使之旋轉一邊提升，使之結晶化。雖然能得到大面積的結晶，但因為來自坩堝的雜質融入而造成純度變差

用語解說

偏析 → 在半導體、金屬或該合金的雜質，或成分元素的分佈變得不均勻的現象。融液固化的時候，在某溫度以平衡狀態蘊含於液相的雜質濃度，會比一般蘊含在固相的雜質濃度高，因此摻入結晶的雜質濃度會降低。

020 多結晶矽晶錠
是矽的鑄造物

　　太陽電池使用的多結晶矽，是利用**鑄造**（casting）製作出來的鑄造物。所謂的鑄造法，是經由注入融液在鑄型（坩堝）中使之固化，用以製作晶錠（供應給加工使用的金屬或半導體材料的固態物）的方法。如圖1的（a）所示，在坩堝中注入融液，製造出上部為高溫、下部為低溫的溫度層次。如此一來便如同（b）一般，從底面產生結晶核，增長‧融合後，**結晶粒**會逐漸增生。結晶粒和結晶粒交界的位置便會有**粒子界面**（粒界）形成。再繼續增長的話，最後，全部都會變成多結晶晶錠。在坩堝的內側塗上氮化矽，作為能夠輕易從坩堝裡取下晶錠的離型劑。由於雜質可能會從離型劑混入，因此多結晶矽總是比單結晶矽的純度差一點。

　　此外，單結晶如（019）中所述，為了不要轉移必須下一點工夫，但因為在鑄造多結晶矽時會有結晶粒界出現，可能會從粒界發生轉移‧擴散的情況。由於粒界是結合完成的狀態，它抓住光觸媒後就不會再放開，因此表面被覆處理技術（非活性化）的流程變得相當重要。

多結晶太陽電池使用低品質的SGS便十分足夠了

　　用於太陽電池的矽，如表1所示，沒有必要使用半導體級矽那種應用在LSI的高純度產品。太陽電池級矽（SGS：Solar Grade Silicon）就算含有半導體級矽1000多倍的雜質也沒關係。其中一例便是使用如圖2般的裝置來取得大量的矽的方法。這是成為種子的微粒子粉流動化後，根據氣相化學沉積法（Chemical Vapor Deposition，CVD）在微粒子粉表面堆積矽的方法，被稱為流體床反應爐法（Fluidized-Bed-Reactor，FBR）。

重點
Check!

●多結晶矽的晶錠是用鑄造法製作
●太陽電池雖然用低品質的SGS便足夠，但低成本化將是今後的課題

圖1 以鑄造（casting）法製造多結晶的增長過程

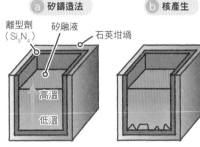

a 矽鑄造法

離型劑（Si₃N₄）
矽融液
石英坩堝
高溫
低溫

把矽融液放入坩堝，製造溫度層次

b 核產生

結晶核從底部產生，逐漸增長成為結晶粒

c 形成粒界

結晶粒與結晶粒互相附著，在相連處有粒界形成

d 產生轉位

雜質侵入
產生轉位

雖然有多結晶晶錠形成，但卻從粒界產生轉位

表1 各種蘊含在矽裡的雜質

分類	雜質濃度	用途
冶金級矽	100分之1	（原料）
太陽電池級矽	100萬分之1*	太陽電池
半導體級矽	10億分之1	LSI晶片、CCD

＊關於鈦、釩，必須設定在10億分之一以下

圖2 太陽電池級矽製作法之一提案

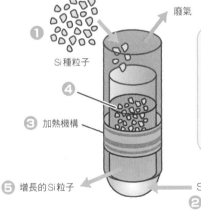

❶ Si種粒子
廢氣
❹
❸ 加熱機構
❺ 增長的Si粒子
SiHCl₃＋H₂
❷

①一旦從反應爐上部供應矽微粒子，微粒子會流動化，形成浮游狀態
②從反應爐下部把①氫氣當作媒介物氣體，釋放出三氯矽烷（SiHCl₃）
③利用反應爐周圍的加熱機構加熱流動化後的矽微粒子
④SiHCl₃分解，矽堆積在流動化的矽種結晶表面上
⑤一旦停止流動化，可以從反應部的下部取出增長的矽粒

021 即使是相同的矽，結晶類型和薄膜類型的製造工程仍有根本差異

圖1顯示的是結晶類型矽太陽電池的製造流程概略，圖2則是薄膜類型矽太陽電池的製造流程概略。

結晶類型

以單結晶類型為例，用線鋸等工具把單結晶晶錠切成薄片加工到晶圓上，傳送到晶片元件形成的流程（通過雜質的擴散形成pn接面、形成電極等）。晶圓的厚度大約是0.2mm左右。

而多結晶類型，則是再融解單結晶晶錠的兩端部位及切斷的粉屑後，把固化的多結晶晶錠（可以說是矽的鑄造物）切成薄片，加工在晶圓上，最後完成於太陽電池元件上。晶圓的厚度大約是0.3mm左右。

薄膜類型

薄膜類型矽太陽電池，如圖2般，是在玻璃或塑膠基板上透過雷射加工，切除已編碼的透明導電膜，接著分離晶片元件，然後在上方數μm的半導體膜上按照p層、i層（未添加雜質的層）、n層的順序，使用電漿氣相沉積法（Plasma-Enhanced CVD，PECVD）或濺鍍（sputtering）等方法堆積重疊起來，再搭載背面電極後即完成。也有當作n層而使用微結晶矽的情況。如此一來的薄膜類型，在材料的製造和製作太陽電池的流程便會成為一體。

混合類型

此外，還有一個名為**HIT太陽電池**的是在單結晶基板的兩面沉積薄膜矽，形成p-i接面及n-i接面的高效率太陽電池。在此太陽電池中的薄膜矽完成的作用，正是沉積薄膜時使用的氫使表面的缺陷非活性化而提高效率的成果。

重點
Check!

●結晶類型是在結晶晶圓上使用pn形成流程來製作晶片元件
●薄膜類型是在搭載了透明電極的透明絕緣體基板上形成pin接面

圖1 單結晶類型・多結晶類型之矽太陽電池元件的製造流程

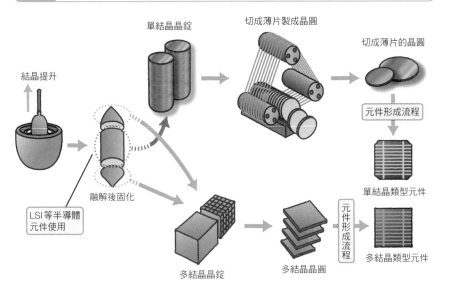

結晶提升

單結晶晶錠

切成薄片製成晶圓

切成薄片的晶圓

融解後固化

LSI等半導體元件使用

元件形成流程

單結晶類型元件

多結晶晶錠

多結晶晶圓

元件形成流程

多結晶類型元件

圖2 薄膜類型矽太陽電池元件的製造流程

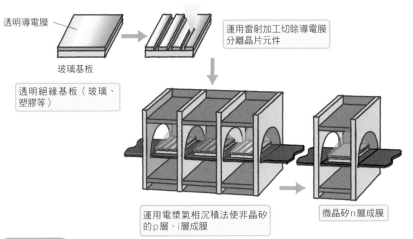

透明導電膜

玻璃基板

運用雷射加工切除導電膜分離晶片元件

透明絕緣基板（玻璃、塑膠等）

運用電漿氣相沉積法使非晶矽的p層、i層成膜

微晶矽n層成膜

用語解說

電漿氣相沉積法（Plasma-Enhanced CVD，PECVD）→ 透過放電分解 SiH_4、Si_2H_6 等氣體，再把矽堆積到基板的方法。
濺鍍（sputtering）→ 透過放電使離子碰撞固態目標，把彈出的矽堆積到基板的方法。

022　砷化鎵的單結晶
是利用固化融液製成

　　使用砷化鎵（gallium arsenide，GaAs）和跟它使用同屬性的Ⅲ－Ⅴ族化合物半導體的太陽電池，由於轉換效率高，經常被人造衛星或太陽能汽車採用。但是，增長GaAs時若砷脫落的話，會造成缺陷問題，因此在結晶增長時，需格外下功夫以避免砷脫落。另外，Ⅲ－Ⅴ族化合物半導體請參照第4章（*047*）～（*049*）。

液體密封切克勞斯基法（Liquid Encapsulated Czochralski，LEC）

　　GaAs的單結晶增長，主要是使用**液體密封切克勞斯基法（LEC）**。GaAs單結晶基板的大部分都是用這種方法製成。圖1表示的是模擬LEC爐的斷面圖。這基本上是和拉晶法（CZ）相同的拉提方式，為了抑制As的蒸發，會使用三氧化硼（B_2O_3：在高溫是液態）在GaAs融液（熔點1238℃）上做出蓋面。它的特徵是會在高壓容器中加壓至1氣壓以上狀態下被拉提起來。

　　GaAs融液被放進氮化硼（BN）或石英（SiO_2）的坩堝，結晶隨著拉提上來的棒子，一邊使其旋轉一邊拉提它到上方。LEC法雖然適用於大口徑的結晶增長，但因為很容易移轉，必須透過調整拉提速度等方式，為避免移轉下一番工夫才行。

水平型布里志曼法（horizontal Bridgman，HB）

　　GaAs的單結晶，使用**水平型布里志曼法（HB：horizontal Bridgman）**也能製作。如圖2所示，把GaAs原料放置在石英製的缽裡，把它加熱到熔點以上使其融解後，在具備溫度層次的爐中，只要移動裝有硼和石英缽的安瓿，它便會從種結晶的位置開始固化增長。而用HB法製作的結晶斷面，會反映缽的形狀而形成半圓。HB結晶雖然移轉密度低，不過，一般認為取得大口徑的結晶是相當困難的。

重點 Check!
●GaAs的單結晶主要是利用液體密封切克勞斯基法製作
●GaAs的單結晶用水平型布里志曼法也可以製作，且具有低移轉密度

圖1 使用液體密封切克勞斯基法（LEC）的GaAs單結晶拉提

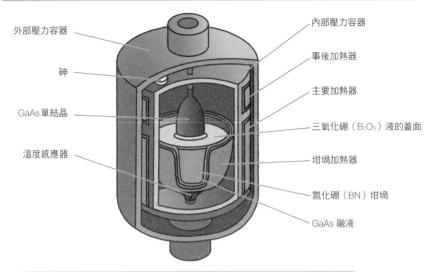

LEC法，是使用三氧化硼（B_2O_3）的融液包覆住 GaAs 融液，同時會使放在內部壓力容器中的砷蒸發，把砷壓保持在1氣壓以上並避免砷脫落的同時，把種結晶浸漬在融液中一邊使之旋轉一邊拉提單結晶

圖2 使用水平型布里志曼法（HB）的GaAs單結晶增長

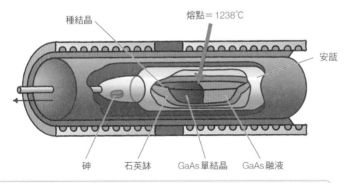

HB法，是把原料裝在石英缽裡後，為防止砷脫落而裝入放有砷和石英缽的安瓿，然後放置在有溫度層次的電爐內，把安瓿朝水平方向拉扯，融液便會由溫度在熔點以下的部分開始結晶

023

電氣像金屬一般在透明電極中流動
是因為氧氣不足

若提到導體（流動電氣的物質），腦海中應該會浮現不透明的金屬，不過，也是有透明的導體。在液晶顯示器方面，會於液晶裡製造電界後，為了控制液晶分子配向的方向，作為電極而使用透明導電膜，而薄膜矽太陽電池也有使用這個方式。如圖1所示，薄膜矽太陽電池元件中，在玻璃或塑膠等透明基板上搭載了透明導電膜，在那上（圖的下方）方製作非晶矽薄膜的pin接面（依p層、i層、n層的順序一層一層沉積接合。詳細記述在 045）。太陽光穿透透明基板及透明導電膜來照射非晶矽的部分。

一般來說，玻璃、水晶、氧化鋅、鑽石等無色透明的物質，被認為是不會導電的絕緣體。第5章會詳細說明這部分，簡單說就是決定半導體光學性質的**能隙**。一般而言，無色透明的物質具有比3eV還大的能隙。這樣的物質因為載子（身為電氣搬運者的電子及電洞）較少，電氣幾乎不會流過。

那麼，為什麼透明導電膜ITO（混合氧化銦（In_2O_3）及氧化錫（SnO_2）而製成的結晶）明明是透明的卻有電氣流通呢？

那是因為ITO中有很多的載子。這些載子，推測是因氧氣不足而引起的。如圖2所示，應該要有氧化離子（負2價）的晶格位置中一旦沒有氧，那個位置看起來便會像是有正極電荷。鏈結結束多餘的電子便會被這種外觀的正極電荷吸引拉近。這個多餘的電子，在低溫時會被外觀正極的電荷束縛，但一到室溫，會被熱能釋放而成為載子。也就是說，氧氣不足是載子的根源。

重點
Check!

●透明導電膜因具有大量的載子，所以導電率高
●氧氣不足會拉近電子，供給高密度的載子

圖1 使用於薄膜矽太陽電池的透明電極

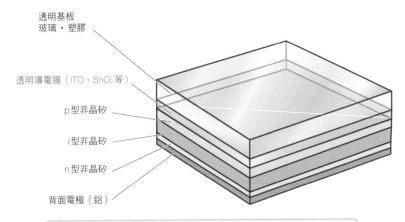

透明基板
玻璃・塑膠

透明導電膜（ITO、SnO₂等）

p型非晶矽

i型非晶矽

n型非晶矽

背面電極（鋁）

> 薄膜矽太陽電池，是使用透明導電膜在編碼過的玻璃或塑膠基板上，製造堆積了p型、i型、n型的薄膜矽之構造，其外側會附成為背面電極的金屬

圖2 氧化錫的氧應有之不在晶格位置的狀態

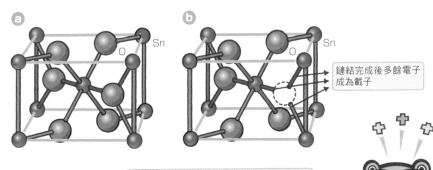

ⓐ Sn O

ⓑ Sn O

鏈結完成後多餘電子成為載子

成為ITO來源之氧化錫（SnO₂）的結晶

> 氧脫離的氧化錫結晶，由於帶負電荷的氧離子脫落，在虛線位置上看起來就像帶有正電荷。鏈結結束後，剩餘的電子便會在此外觀現象的正電荷周圍環繞

> 雖認為透明的物質不會導電，但還是有相當能導電的東西呢！

024 盡可能把大量的光引導至半導體中①
防止反射膜的任務

矽雖然是灰色的半導體，但研磨後卻會呈現出金屬光澤。不過，在屋頂上設置的太陽電池卻是顯現出藍色。為什麼會是藍色呢？那是因為了防止因矽反射所引起的光損耗，而使用防止反射膜覆蓋住的緣故。

矽的折射率高，反射率也高

矽因為有超過3.5的高折射率，因此顯示出超過35％的高反射率。矽的高折射率，可透過矽的能隙極小來說明（參照 070）。

使用和眼鏡的反射防止表面塗層一樣的原理來減少反射

如上所記，因為反射率高，有35％以上入射光的光不會進到矽的內部，這樣的狀態無法利用於發電。為了減少反射，會裝載誘電體的膜。眼鏡的鏡片也會施用反射防止表面塗層，和這個是相同的思考方式。如圖1所示，利用反射防止膜前面（空氣側）和背面（矽側）之間的多重反射，從前面來的反射光和從背面來的反射光，其山峰和低谷一旦碰撞抵銷，便能抑制反射，使光有效的導入結晶中。

圖2的（a）表示的是搭載在多結晶矽太陽電池上的反射防止膜的構造。如同把太陽光導入最大限度的矽一般，設計折射率和膜厚的反射防止膜，可減少反射率至數％。這個反射防止膜因為會從紅色吸收綠色的波長，因此晶片元件會像（b）一般看起來是藍色。

反射防止的方法，如（025）所敘述般，也有在表面上裝載凹凸後再把光導入到結晶中的方法。

重點 Check!
●矽的反射率高，以這樣的狀態會有35％的入射光無法利用
●膜的前面和背面的反射光會相互碰撞抵銷，有效地把光導入到結晶上

圖1 防止反射膜的作用

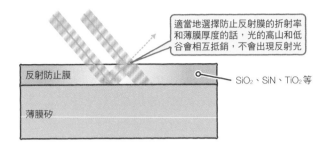

適當地選擇防止反射膜的折射率和薄膜厚度的話，光的高山和低谷會相互抵銷，不會出現反射光

反射防止膜 ── SiO_2、SiN、TiO_2等

薄膜矽

防止反射膜前面（空氣面）和背面（矽面）反射光波紋的相位若相互抵銷的話，反射會被抑制住，便能夠有效地把光引導到結晶裡。同樣的技術也能應用在眼鏡鏡片。能夠滿足矽反射最小干涉條件的膜，看起來會是藍色

圖2 搭載了防止反射膜的多結晶矽太陽電池元件模式圖

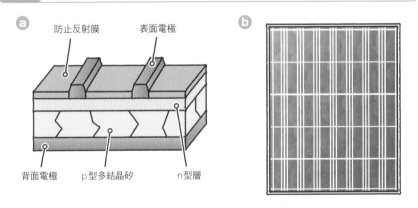

ⓐ 防止反射膜　表面電極

背面電極　p型多結晶矽　n型層

ⓑ

透過防止反射膜的多重反射・干涉，看起來會呈現藍色

025

盡可能把大量的光引導至半導體中②
防止反射膜的施行辦法

運用多層膜在廣泛的波長範圍中達到防止反射

在（024）中，已經解說過單層的防止反射膜。在單層當中，只能對使用折射率和薄膜厚度所決定的特定波長的光降低反射率。在實際的防止反射膜當中，如圖1的（a），折射率及不同薄膜厚度的薄膜會重疊多層，像（b）一般，使用有折射率變化的漸層膜，在廣泛的波長範圍中企圖達到防止反射。

在結晶表面上裝上細微的凹凸來達到防止反射（組織結構）

更進一步地，如圖2的（a），若在矽結晶的表面層上裝上名為組織結構（texture）的細微凹凸的話，便會像（b）一樣，光會因為凹凸而被鎖在裡面，造成高效率地傳導到半導體內，由於不會再折返回去，因此能夠提高太陽光的利用效率。為此，需將晶圓表面浸入水氧化鈉等鹼性的溶液中。由於開始溶化的方式會依照結晶面的方向而不同，因此會有凹凸（組織結構）附著。

併用防止反射膜及半導體組織結構

一旦併用防止反射膜和組織結構，運用多重反射及凹凸效果組合的技術，反射會越發降低，而效率會提升。具備這種組織結構的元件，因為會像（c）一般呈現出深藍色，故稱為「深藍色元件（dark blue cell）」。

利用誘電體膜甚至能做出彩色鮮豔的太陽電池

在視為建材一部分的情況下，若有更鮮豔色彩的太陽電池就好了。透過誘電體膜的加工，雖然和深藍色元件相比，其轉換效率稍微差一點，但卻可以做出各式各樣色彩的太陽電池。

重點
Check!

●把大範圍波長的光導入到半導體時，可使用誘電體多層膜
●透過半導體表面的組織結構加工，能夠有效地利用光

圖1 在寬廣波長範圍中為了防止反射的辦法

a 重疊多層折射率及膜厚不同的薄膜

誘電體膜3
誘電體膜2
誘電體膜1
矽晶片

b 使用折射率變化的多層膜

低折射率層
折射率傾斜層
高折射率層
矽晶片

圖2 表面組織結構加工的多結晶矽太陽電池元件

a 搭載組織結構的多結晶矽太陽電池

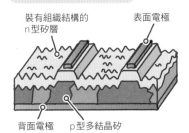

裝有組織結構的n型矽層　表面電極

背面電極　p型多結晶矽

b 組織結構形成之反射防止原理，盡可能透過凹凸載入多一點的光

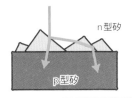

n型矽

p型矽

在表面有進行組織結構加工之n型層的多結晶矽太陽電池元件中，光因為凹凸而多重反射，有效地射入半導體中

c 組織結構加工的多結晶元件外觀

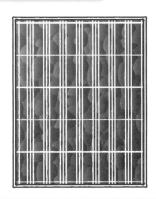

併用了組織結構層和防止反射膜的元件，看起來是深藍色

區分波長區域的角色分擔
多重接面堆疊結構元件

如同在（*005*）所敘述般，太陽光包含了從紅外線、可視光線、甚至到紫外線等幅度寬廣波長的光。但是，太陽電池因為使用了半導體，只會吸收比半導體能隙能源更高的光（即比起**光學吸收邊**波長短的光），由於是可以轉換為電氣的物質，因此波長長的光可以穿透。那麼，至於是不是只要用能隙小的半導體來製作就好？其實並不是如此。如果觀察圖1表示的太陽電池理論界限效率（參照*078*），例如，目前已得知在比矽（Si）的能隙還小的鍺（Ge）當中，僅能取得比矽小的轉換效率。因此，在半導體上把光的吸收分擔到擅長的各波長上，來充分地有效利用太陽光，是**堆疊型太陽電池**（tandem solar cell）的想法。

圖2是3接面堆疊型太陽電池的概念圖。在頂部接面（top cell）吸收藍色到綠色，在中間接面（middle cell）吸收黃色到紅色，殘餘的深紅色到紅外線光則是由底部接面（bottom cell）吸收，依此順序來有效地利用太陽光頻譜。但是，即便是堆疊了3層元件，仍無法得到結合了3個太陽電池各自最大輸出的輸出能力。這是因為已被上方元件吸收的光不會抵達第2個、第3個元件，以及因為是用串聯連結，電壓會以相加的方式計算，導致電流會被短路電流（參照*012*）最小的元件抑制。另外，在堆疊元件的製造工程中，堆疊在上方的元件結晶性會變差，也可能會無發充分地發揮其性能。

在開發宇宙使用的InGaP／InGaAs／Ge的3接面太陽電池中，InGaP頂部接面可轉換660nm以下波長區域的光、InGaAs中間接面則是660～890nm、Ge底部接面是890～2000nm，整體來說，可得到高達32%的高轉換效率。

●堆疊型太陽電池運用不同能隙的元件堆疊，有效地利用太陽光
●電壓雖然是累加計算，但電流是由短路電流最小的元件決定

圖1　各種太陽電池在室溫的理論界限效率

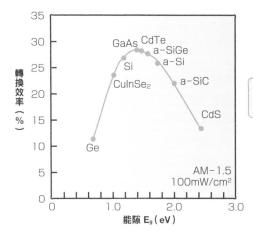

繪製以理論方式計算的太陽電池轉換效率，與能隙相對位置的曲線圖。在 1.4ev 附近時，可取得能隙值的最大值

圖2　3接面堆疊型太陽電池的概念圖

400　450　500　550　600　650　700　800　900　1000 (nm)

頂部接面（top cell）
能隙～2.5eV
（吸收藍色及綠色）

中間接面（middle cell）
能隙～1.7eV
（吸收黃色到紅色）

底部接面（bottom cell）
能隙～1eV
（吸收深紅色到紅外線）

頂部接面吸收藍色到綠色；中間接面吸收黃色到紅色；殘餘的深紅色到紅外線由底部接面吸收，充分有效地利用太陽光的頻譜

用語解說

光學吸收邊　→　半導體的光吸收是由能隙的光子能源急速地上升，隨著光子能源的增加而變大。把光吸收的上升光子能源稱為光學吸收邊。

使用鏡面或鏡子收集光源
聚光型太陽電池

如同在（026）介紹般用於宇宙開發使用的多重接面堆疊型般複雜構造的太陽電池元件，雖然效率高，卻要花費極高成本，無法採用為大面積的太陽電池模組。不過，只要使用便宜的鏡面或鏡子來聚光的話，就算只是小面積的元件，也能製造出充足的電力，可以把宇宙用的元件轉變為陸地上使用的物質。圖1的（a）是表示模擬的菲涅爾透鏡（Fresnel lens）結合太陽電池的聚光型太陽電池。

實際上，如（b）所示，為了要在組合了1次鏡面和2次鏡面的太陽電池元件上有效地聚光，必須要下一番工夫。以1次鏡面來說，在平板玻璃上使用加工了菲涅爾環的菲涅爾透鏡。2次鏡面則是自焦透鏡（rod lens）。

經由聚光使轉換效率提高

在（012）中已敘述過太陽電池的轉換效率會和開路電壓、短路電流、曲線因子的乘積成比例。根據研究，得知在聚光的情況下，短路電流密度（每單位面積的短路電流）和聚光比成比例增大；開路電壓和聚光比的對數成比例緩慢地增大。更進一步地，曲線因子也多少出現增大現象。由結果得知，轉換效率會隨著聚光比而改善。如圖2所示，聚光時的轉換效率，經由開路電壓的增大和曲線因子的改善，會比非聚光時變得高出許多。

透過100倍的聚光，在低電阻的矽晶片元件時，18%的轉換效率於聚光時會達到23%；而GaAs元件方面，其24%的轉換效率會改善為29%。在（026）敘述過的InGaP／InGaAs／Ge 3接面型元件，經由500倍的聚光，可使原本只有32%的轉換效率改善為40%。

經由鏡面的聚光，雖然只有垂直傳達到鏡面的平行光線有效，不過，在大規模發電所的情況下，會把太陽電池陣列安裝在自動追隨太陽裝置上以確保發電量。

重點
Check!

● 雖然透過聚光效率高，但能夠使用高價格的太陽電池
● 可運用聚光改善轉換效率

圖1 菲涅爾透鏡聚光型太陽電池的構成圖

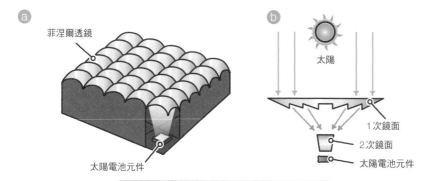

a 菲涅爾透鏡

太陽電池元件

b 太陽

1次鏡面

2次鏡面

太陽電池元件

在小面積使用高價的高效率元件，透過聚光可以得到充分的大轉換效率

圖2 一旦提高聚光比，轉換效率就會比非聚光時提升

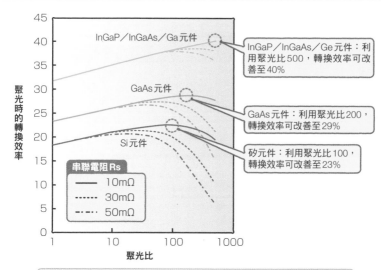

聚光時的轉換效率

InGaP／InGaAs／Ga元件

InGaP／InGaAs／Ge元件：利用聚光比500，轉換效率可改善至40%

GaAs元件

GaAs元件：利用聚光比200，轉換效率可改善至29%

Si元件

矽元件：利用聚光比100，轉換效率可改善至23%

串聯電阻 Rs
— 10mΩ
---- 30mΩ
-·- 50mΩ

聚光比

一旦提高聚光比，轉換效率剛開始會增加，在某個聚光比取得最大值後開始減少。串聯電阻越低，轉換效率的最大值會變得越大

（出處：夏普技術報93（2005）49–53）

用語解說

聚光比 → 經由鏡片等物質，將聚光時的輻射強度和未聚光時的輻射強度相除後的值。

COLUMN

數據資料訴說的太陽光發電真相①
1日的發電量變化

筆者家的太陽電池陣列的輸出，隨著時間會產生甚麼樣的變化呢？圖1是晴朗日子，圖2是時晴時陰日子中的發電電力（太陽電池陣列輸出）時間變化。頂峰在11點20分左右，有2.14kW。

觀看圖2，可知當雲層通過時，輸出會出現急劇往下滑落的情況。不過，並不是變為零，依然保有0.5kW左右的發電。另外，亦得知陰天之後一旦太陽照射的話，會比晴天的頂峰更高，可增加至2.5kW左右。

圖1 晴朗日
（1997.5.28）
的發電量時間變化

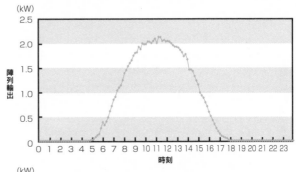

圖2 時晴時陰日子
（1997.5.21）
的發電量

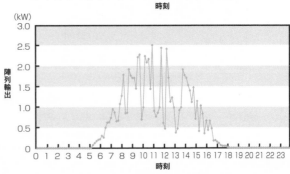

第 3 章

從太陽光發電模組邁入系統（中級篇）

太陽電池雖然可以單獨使用，

但實際上會和名為「連線系統」的系統與電力公司的供電網連線使用。

為此，聚積太陽電池元件做成的太陽電池模組，

會通過電源供應器連接到供電網。

本章將觸及太陽光發電的模組，並進階到系統介紹。

028 太陽能面板（太陽電池模組）的製造過程

太陽能面板（太陽電池模組）是經由太陽電池元件的堆疊製成。圖1表示的是多結晶矽太陽電池模組的製作過程。

在強化玻璃上排列晶片元件

太陽電池元件因為只有薄薄的0.2～0.3mm厚，因此必須要有能夠支撐它的物質。通常會使用玻璃板。如圖1的（a）所示，把串聯排列的太陽電池元件的受光面朝向玻璃側，排列在玻璃板上。此處所使用的玻璃板，是即使颱風等強風吹襲也不會有問題，甚至還用金屬球掉落實驗（參照031）確認過強度的強化玻璃。也預想施工的人可能會在太陽電池面板上行走。

使用樹脂及保護膜封印住

接下來，如（b）所示，在搭載了太陽電池元件的玻璃板上裝上樹脂，再用保護膜覆蓋上去，封住排列好的元件。太陽電池元件本身的壽命非常長，一般認為用於封印的樹脂的劣化，會決定太陽電池模組的壽命。

用膜覆蓋固定後，再裝上電極就完成了

此外，如（c）所示，用鋁膜包覆住四周，再裝上從裏面拉出來的電極後，模組就完成了。把這樣製成的模組用串聯並聯的方式排列，就會是（014）中所敘述的太陽電池陣列了。

太陽電池模組是建材

太陽電池因為設置在建築物的屋頂或牆壁，因此必須當作建材來考慮。由於這個緣故，在太陽電池模組的要求方面，不僅只是強度，更需要具備像是防水功能、防火功能等建材的功能。關於這個部分會在（031）中敘述。

重點
Check!

●配線排列太陽電池元件的物質就是模組
●把元件排列在強化玻璃上，用樹脂和保護膜覆蓋完成後，再用金屬框固定

図1 太陽能面板（太陽電池模組）的製作過程

a 把配線完成的元件以受光面朝下的方式排列在強化玻璃上

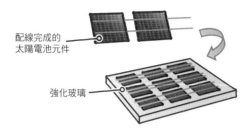

配線完成的
太陽電池元件

強化玻璃

b 在元件上方搭載樹脂，用保護膜覆蓋封印

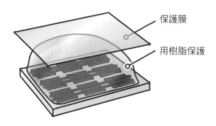

保護膜

用樹脂保護

c 裝上外框和電極，太陽電池模組完成

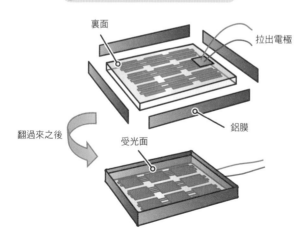

裏面

拉出電極

鋁膜

翻過來之後

受光面

029 為太陽電池的測驗所使用的模擬太陽光
太陽能模擬器

太陽電池的測驗，遵循世界通用基準**STC**（標準實驗條件），無論在世界哪個角落都能夠採用相同的測定方式。如同在（012）所敘述般，並沒有對太陽電池的電流－電壓特性之評價照射真正的太陽光。在STC中，於標準溫度（25℃）下，照射稱為太陽能模擬器的AM–1.5具備標準太陽光（1kW／m²）及相同輻射強度的模擬太陽光。

太陽能模擬器以氙氣燈・鹵素燈當作光源做成的模擬太陽光

圖1表示的是太陽能模擬器構成圖的一例。太陽能模擬器的主要光源雖然是氙氣燈（Xenon Lamp），但偶而也援用鹵素燈（Halogen Lamp）。透過使用合適的光學過濾器，來模擬太陽光頻譜的形狀。

氙氣燈，如圖2所示，在可視光的波長區域中具有和太陽光非常類似的頻譜形狀，由於在0.8～1.0μm的近紅外線區域具有線狀的頻譜，因此在這個波長區域中，頻譜結合了光滑的鹵素燈（圖3）一併使用。一般市售的太陽能模擬器的大部分，都只有搭載氙氣燈，並使用過濾器使線狀頻譜減弱。

根據標準化確保國際程度的測量精度

關於太陽電池的性能，為了在世界的任何角落都能用相同的條件測量，因此相當努力地維持國際間的測量精度。相同的太陽電池元件和太陽電池模組在世界標準化機關之間傳送，努力調整成相同的值［把這樣的測驗稱為循環比對測試（round robin tests）］。日本是由產業技術總合研究所（產總研）負責標準化作業；美國是由國立再生可能能源研究所（NREL）執行；德國則是國立物理技術研究所（PTB）。

重點 Check!

●太陽電池遵循標準實驗條件，在世界的各個地區都能使用相同測定方式
●使用運用了氙氣燈・鹵素燈的太陽能模擬器

圖1　太陽能模擬器的構成例

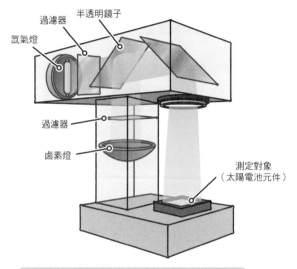

過濾器
半透明鏡子
氙氣燈
過濾器
鹵素燈
測定對象
（太陽電池元件）

將氙氣燈・鹵素燈做成光源，透過過濾器，可製作出模擬太陽光的頻譜

圖2　氙氣燈頻譜

相對強度
紫外線
線狀頻譜
紅外線
可視光區域（0.38～0.78μm）

0.2 0.4 0.6 0.8 1.0 1.2 1.4 1.6 1.8 2.0
紫外線　　波長（μm）

具有跨越紫色線區域・可視光區域・紅外線區域的寬廣波長區域的頻譜。表示在近紅外線部位有強烈的線狀頻譜

圖3　鹵素燈頻譜

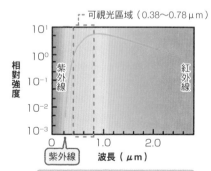

可視光區域（0.38～0.78μm）

相對強度
紫外線
紅外線

10^1
10^0
10^{-1}
10^{-2}
10^{-3}

0　　1.0　　2.0
紫外線　　波長（μm）

在紅外線區域雖然隨著波長會緩慢地減少，不過，可視光區域的強度卻會急劇地下降

作為建材的太陽電池①
依設置方法分類

在屋頂設置的太陽電池面板（模組），根據其設置方法，如圖1所示，可大略區分為屋頂設置型和屋頂建材型兩種。

屋頂設置型

屋頂設置型是在現有的屋頂上再追加設置太陽電池面板的類型，這種類型包括有像（a）那樣，在傾斜屋頂的磚瓦上架設框型架台後再設置面板的方式，以及像（b）那樣，在寬敞的廣場屋頂（平坦的屋頂）上架設傾斜架台後再設置面板的這2種。這2種的情況都可以使用標準的太陽電池面板。日本的住宅用太陽電池成本的一半，就是這類的施工費用（參照 *079* 的圖1）。架台設置是增加太陽電池設置成本的原因之外，也使現有住宅變得需要耐重量工程。此外，屋頂設置型・廣場屋頂型這2種，在抵禦強風方面的對策也極重要。

屋頂建材型

新設住宅的情況，因為能夠代替屋瓦，設置防火性能和屋頂建材功能的屋頂建材型面板，不但不需要因為舖瓦而衍生出成本，也能夠避免架台重量的問題。屋頂建材型也有像（c）那樣，把太陽電池裝進屋頂材料的屋頂材一體型，以及像（d）那樣，太陽電池本身成為屋頂建材的屋頂材型（屋瓦型太陽電池模組）。

在壁面設置的太陽電池面板也和屋頂的相同，有壁面設置型（在壁面安裝架台設置面板）和壁面建材型（太陽電池面板成為壁面建材）2種。

使用具有透光性太陽電池的窗戶建材型、屋頂型、窗簷型、百葉窗型等。

重點
Check!
●太陽電池面板中，有屋頂設置型和屋頂建材型
●屋頂建材型的太陽電池具有防火功能和屋頂材料功能

圖1 太陽電池模組的設置方法

屋頂設置型

a 屋頂設置型・傾斜屋頂型

b 屋頂設置型・廣場屋頂型

在現成的屋頂上設置架台，在上面設置太陽電池面板

屋頂建材型

c 屋頂建材型、屋頂材一體型

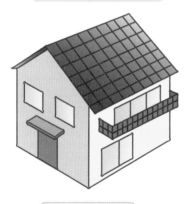

太陽電池編組進屋頂材料內

d 屋頂建材型、屋頂材型

太陽電池面板本身成為屋瓦

參考：太陽光發電協會

作為建材的太陽電池②
作為建材所要求的項目

太陽電池面板是建築材料

如同在（030）中所述，建材型太陽電池面板因為能夠代替屋瓦鋪上，不僅可以省掉鋪屋瓦時所需的成本，也可以免除架台重量的問題。但是實際上，作為代替屋瓦的建材，被要求必須滿足建築基準法中所規定的防水・防火・強度等要求。

防水功能

建材一體型面板，需具備和屋瓦同等的防水功能。在屋頂板的上方貼上防水布膜，接著鋪上軌道固定面板的外框，除了軌道那一面的防水之外，面板之間也需要接縫貼紙。如圖1所示，假想颱風來襲，承受風速30m／s、灑水量240mm／h的灑水測驗，測試其防水功能和排水功能。

防火功能

如同在（028）中說明一般，模組是把元件安裝在玻璃上，用樹脂做出貼面再用鋁膜覆蓋住它。當附近發生火災時，為了防止鋁膜燃燒引起高溫融解進而導致地面著火，因此會使用不易燃燒的氟樹脂膜，或組合鋼板來增強防火功能。

強度

面板雖然是使用強化玻璃，但依循JIS（日本工業規格）規格（R3206-2003），需具備通過約1kg的鋼球從高100cm的位置落下之落球測試的強度。由於人會在面板上行走來進行設置工程，因此需要充分確保能夠承受人站立行走的強度。

重點
Check!

●建材型太陽電池面板需要具備防水功能和防火功能
●建材型面板使用的強化玻璃，必須要有落球測試合格的強度

圖1 灑水測試

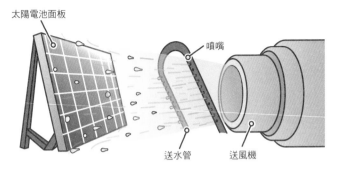

太陽電池面板

噴嘴

送水管　送風機

在30m／s的強風下用灑水進行防水功能和排水功能的測試

圖2 JIS落球測試（強化玻璃）

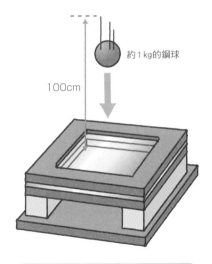

約1kg的鋼球

100cm

把約1kg的鋼球從100cm的高處自然落。
測試是使用6片試用品，破壞在1片以下
的情況就是合格

圖3 人可以在太陽電池上行走

設置工程時，站在太陽電池面板上進行工作

032 把直流變為交流的構造
變壓器的動作原理

太陽電池的輸出是直流

如（017）中所述，太陽電池的輸出和乾電池或再生電池一樣是直流。另一方面，電力公司所配給的電是交流。因此，為了把太陽電池的輸出供應到電線，必須把直流轉換為交流。將這個裝置稱為變壓器（inverter），再裝入電源供應器（power conditioner）中。

電動發電機無法用於太陽電池

把直流轉換為交流的方法，會使用電車等電動發電機（MG：motor-generator）。如圖1所示，用直流運轉馬達，是使用直接連結回轉軸的發電機轉換為交流的方法。不過，太陽電池的輸出因為會隨著時間產生極大變動，若輸出電壓低的話，回轉數會變小，造成交流輸出的頻率變低；相反的，輸出電壓高的話，因為頻率會變高而無法使用。馬達持續轉動在噪音和維持等方面也會有問題。

使用電晶體當作開關把直流轉換成交流

交流的電流隨著時間會以正弦波的形狀變化，1秒內可以改變符號達100次（關西地區是120次）。相較於此，直流沒有改變符號。變壓器因為是使用電晶體當作開關，把直流改變為交流的一種構造，由於沒有可變動的部分，也就因而沒有噪音。

變壓器，如圖2所示，將來自太陽電池的直流電壓，經由4個電晶體開關S1、S2、S3、S4的開啟・關閉，在（a）部位端子A成為正極、端子B成為負極，在（b）方面，則是端子A成為負極、端子B成為正極。因此，端子A－B間電位差的時間變化會如（c）所示般，成為變化成正極・負極的脈衝交流。一旦讓它通過平滑回路，便會成為像（d）那樣的正弦波交流。

重點 Check!
●太陽電池的輸出因為是直流，以這樣的狀態無法連結到電線
●使用電晶體的開關改變極性，轉換成交流

圖1 透過電動發電機（MG）把直流變成交流

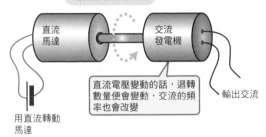

電動發電機的原理

直流電壓變動的話，迴轉數量便會變動，交流的頻率也會改變

輸出交流

用直流轉動馬達

圖2 變壓器的動作

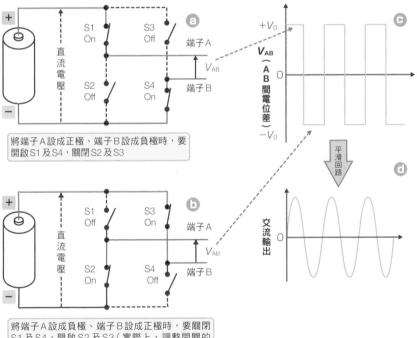

將端子A設成正極、端子B設成負極時，要開啟S1及S4，關閉S2及S3

將端子A設成負極、端子B設成正極時，要關閉S1及S4，開啟S2及S3（實際上，調整開關的開・關定時，來控制它靠近正弦波）

平滑回路

用語解說

平滑回路 → 使急劇變化的波浪變化趨近光滑，為了形成正弦波的電氣回路。

033 將太陽電池的輸出供應到配線的「連線系統」

　　把來自變壓器的輸出連結到電力公司的供電網（電力系統），將太陽光發電的電力供應到電力公司的，就是「**逆流連線系統**」。所謂的「逆流」，是指和平常電力的流動（從系統端流向用戶端）相反的流動。這時不僅是電壓，也必須一併考慮頻率及相位的整合。

一旦系統和交流的頻率或相位不同，竟然就無法連接！

　　交流電壓隨著時間，以正弦波的形狀，正極‧負極會產生變化。把這個反覆的頻度稱為頻率。此外，從負極變化為正極的時點稱為相位。只是用自己的家使用太陽電池電力的話，頻率和相位就算有變化也不會有甚麼問題，不過，若打算要和供電網連接的話，卻沒辦法連接上去。圖1所表示的，便是系統和變壓器輸出的相位或頻率不同的狀況。系統在正極時，假如變壓器輸出的相位是零，系統的電壓便會變成短路。相反的，系統在零的時候，如果變壓器的輸出是正極的話，變壓器就會損壞。

控制變壓器開關的定時

　　如同在（032）中所述，變壓器將直流轉換為交流時，會使用電晶體的開關切換極性。只要能把這個切換的時點，搭配好來自供電網的電所產生的時點信號，便能夠同時調整好頻率和相位。而增加控制時點這項功能的，就是電源供應器。

停電時從系統切割分離

　　此外，為了進行工程等事務導致系統被遮蔽斷線而停電時，必須設法不讓變壓器的輸出流進系統。這是為了避免電氣工程的相關人員觸電。

重點 Check!
●整合供電網的變壓器輸出之電壓‧頻率‧相位後，連線系統
●停電時需遮蔽來自變壓器的輸出

圖1 連線系統無法完成的案例

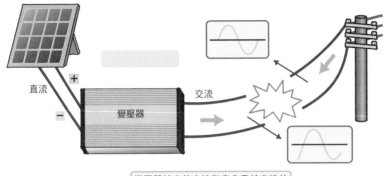

直流

+

−

變壓器

交流

變壓器輸出的交流和來自系統交流的
相位不同的話，便無法連接

圖2 為了系統聯繫統一交流的相位

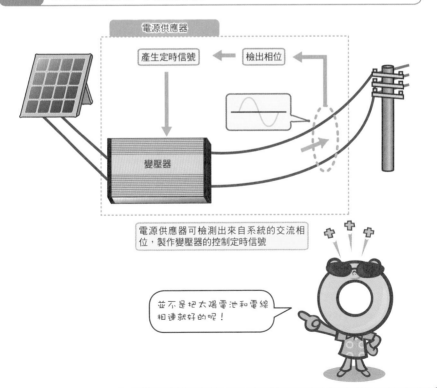

電源供應器

產生定時信號 ← 檢出相位 ←

變壓器

電源供應器可檢測出來自系統的交流相
位，製作變壓器的控制定時信號

並不是把太陽電池和電線
相連就好的呢！

034 借用您家的屋頂
地區集中連線型太陽光發電

個別系統連線是不穩定的發電場所

　　一般家庭用太陽電池的情況，是各家發電的電力依各戶消費後，再供應殘餘的**賸餘電力**到系統去，如圖1的範例所示，一旦由各家和各戶的系統連線，來自各家的輸出和系統之間的電氣流動（潮流），便會頻繁地和逆流（賣電）及順流（買電）切換。也就是說，有賸餘的情況下雖然會供應給系統，但如果發電量不足的話，就會變成從系統購入，由此可得知它是進出極為不穩定的發電所。在各戶放置電源供應器也是非常沒有效率的。另外，當各家把賸餘電力輸送到系統時，若送電的總電力超過界限值的話，系統效率就會下降。

地區集中連線型太陽光發電系統

　　與解決各戶連線問題點緊緊相繫的，是**地區集中連線型太陽光發電系統**。在這個系統中，整合了地區內所有家庭的太陽光發電面板所釋出的直流輸出，通過集中電源供應器（系統連系裝置）轉換成交流後供應到系統。更進一步地，如果為了彌補日照的不穩定而在二次電池上添加積蓄構造的話，便可以當作穩定的發電所使用。只是借用各家的屋頂，便能夠領取符合供給量的賣電款項。

太陽能城市的實驗已經展開

　　這樣的地區集中連線型太陽光發電計畫，當作太陽能城市實施中。圖2是太陽能城市的概念圖。太陽能城市因為具有蓄電功能，認為它是成為（*036*）中所敘述之智慧型電網的一大要素。

重點
Check!

●太陽能城市比各戶連線具有更穩定又有效率的連線系統
●太陽能城市的蓄電功能成為智慧型電網的一大要素

圖1 依戶區別的連線系統是不穩定的電源（1996年8月9日筆者測量）

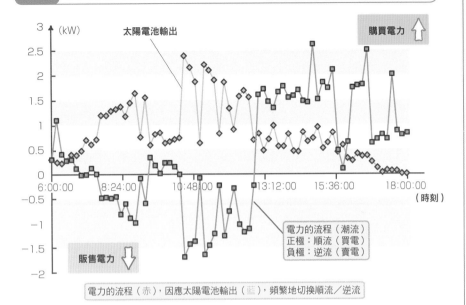

電力的流程（紅），因應太陽電池輸出（藍），頻繁地切換順流／逆流

圖2 地區集中連線型太陽光發電系統（太陽能城市）

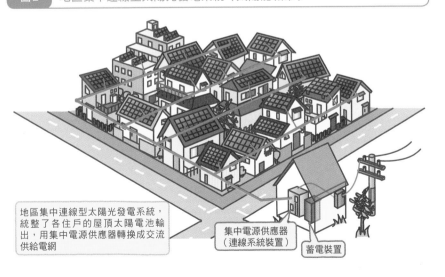

地區集中連線型太陽光發電系統，統整了各住戶的屋頂太陽電池輸出，用集中電源供應器轉換成交流供給電網

集中電源供應器（連線系統裝置）

蓄電裝置

035　在各地陸續登場的兆瓦太陽能發電所

兆瓦太陽能發電所是甚麼？

　　把輸出達1兆瓦（1000kW）以上的大規模太陽能發電設施稱為**兆瓦太陽能發電所**。以前日本的太陽光發電政策是以各戶使用為對象，因此，將寬廣的土地作為兆瓦太陽能發電所的建設延遲許久。不過，承襲了把低碳社會作為目標的全世界潮流（充實電力買進制度等），即便是日本，也需要兆瓦太陽能建設，這樣的認識已逐漸擴張高漲了。

兆瓦太陽能的實證實驗

　　2005年，獨立行政法人「新能源・產業技術綜合開發機構」（NEDO），公開招募**大規模電力供給用太陽光發電系統穩定化等實證研究**，在北海道稚內市及山梨縣北杜市，各建設了5MW、2MW的實證實驗施設，截至2010年為止，進行了歷經5年的實驗。實驗當中，實施了包括

❶太陽電池模組的評定

❷電源供應器的評定

❸架台的評定、追隨方法的評定

❹用蓄電池控制輸出變動之技術的確立

❺積雪影響的評定及對策

等項目。

在各地進行建設的兆瓦太陽能發電所

　　依照實證實驗結果，如圖1所揭示，在各地建設大量的大規模太陽能發電所（兆瓦太陽能），而其中的一部份已經開始運作。圖2，是東京電力和川崎市共同建設20MW的浮島太陽光發電所之鳥瞰圖。

重點
Check!

●NEDO從2005年開始實施歷時5年的兆瓦太陽能發電所之實證實驗
●依照實證實驗的結果，在各地建設兆瓦太陽能發電所

圖1 | 運作中或建設中的一兆瓦以上的大規模太陽能發電設施（2011年3月為止）

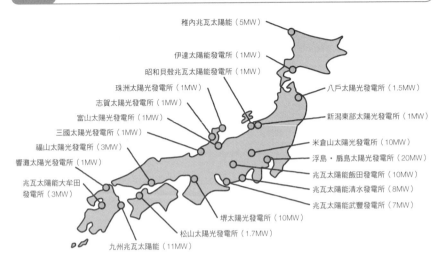

- 稚內兆瓦太陽能（5MW）
- 伊達太陽能發電所（1MW）
- 昭和貝殼兆瓦太陽能發電所（1MW）
- 珠洲太陽光發電所（1MW）
- 志賀太陽光發電所（1MW）
- 富山太陽光發電所（1MW）
- 三國太陽光發電所（1MW）
- 福山太陽光發電所（3MW）
- 響灘太陽光發電所（1MW）
- 兆瓦太陽能大牟田發電所（3MW）
- 九州兆瓦太陽能（11MW）
- 松山太陽光發電所（1.7MW）
- 堺太陽光發電所（10MW）
- 八戶太陽光發電所（1.5MW）
- 新潟東部太陽光發電所（1MW）
- 米倉山太陽光發電所（10MW）
- 浮島・扇島太陽光發電所（20MW）
- 兆瓦太陽能飯田發電所（10MW）
- 兆瓦太陽能清水發電所（8MW）
- 兆瓦太陽能武豐發電所（7MW）

圖2 | 浮島太陽光發電所

東京電力及川崎市共同建設的浮島太陽光發電所鳥瞰圖

（出處：川崎市・東京電力）

036

智慧型電網帶來的
電力革新

何謂智慧型電網（Smart Grid）？

太陽電池或風力發電等，不斷變動的自然能源一旦供應到供電網（grid），有可能會產生電壓和頻率的變動。此外，如果有大量來自分散型電源傳送到系統的逆流，其附近配置的電線電壓會變高，也可能會造成無法將好不容易發電的電力供應到系統的狀況。為了防止這樣的情形，使用裝有專用機器或軟體的IT技術，隨著供給端和需求端的錯誤搭配消失的同時，利用電動汽車的電池等，透過蓄電功能分散到系統全體以圖求其穩定的，便是**智慧型電網**（聰明的供電網）的思考模式。

日本需求極低的智慧型電網

原本，這個技術是以防止供應不協調導致停電為目的而被提倡。在日本，由於電力公司從以前開始便把光纖埋在結合了發電所・變電所・需求地的供電網中，由IT進行經濟型的配電。因此，其電力品質在先進國當中也屬於極高水準[注]，造成日本對智慧型電網的需求不高。

用自然能源導入而備受矚目的智慧型電網

現在，這個技術不只是防止停電，也在電力需求的巔峰時段、自然能源導入、整備電動汽車充電的基礎設備等多方面提供幫助而廣受注意，世界各地正進行著智慧型城市（Smart City）、智慧型通訊（Smart communication）的實證實驗。

圖1是智慧型通訊的概念圖。智慧型電網的實證實驗雖然已經在中國天津、阿拉伯聯合酋長國、韓國濟州島等先行展開，日本也在橫濱市、豐田市、關西文化學術研究都市、北九州市這4個地區進行。

重點 Check!
- ●智慧型電網是使用IT技術把電力的收取達最適化的系統
- ●世界各地正進行著智慧型城市、智慧型通訊的實證實驗

注：因2011年東日本大地震所進行之計畫停電之前，日本的年度事故停電時間是每1棟樓19分鐘，相對於此，在英國是88分鐘、美國是97分鐘。
（出處：http://www.kankyo-business.jp/topix/smartgrid_01.html）

圖1 智慧型通訊的概念圖

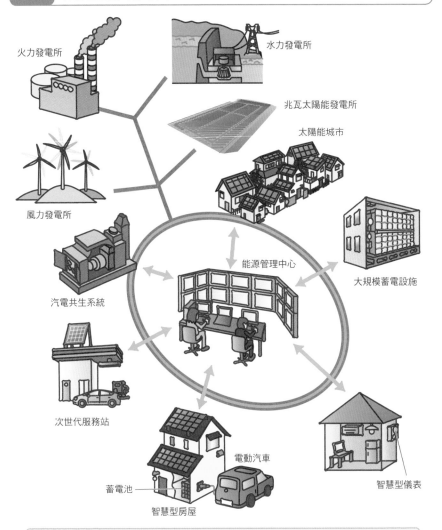

火力發電所

水力發電所

兆瓦太陽能發電所

太陽能城市

風力發電所

能源管理中心

大規模蓄電設施

汽電共生系統

次世代服務站

電動汽車

蓄電池

智慧型儀表

智慧型房屋

備齊了大規模發電所（核能發電所、火力發電所、兆瓦太陽能發電所、風力發電所等）、分散型發電設施（太陽能城市、按戶區分太陽光發電、按戶區分廢熱發電）、各種蓄電設備（大規模蓄電設施、電動汽車等）、以及智慧型儀表的需求住戶，若使用共同的供電網連結，便能夠透過共同的能源管理中心，極為仔細地控制輸送電

COLUMN

數據資料訴說的太陽光發電真相②
即使雨天也會發電

　為太陽光發電貢獻的，不光只是來自太陽的直達光。散射光也有不少貢獻。因此，即使是陰天或雨天，只要是有光的狀態就多多少少能夠發電。下圖是雨天1整天的發電量變化圖表。頂峰時約有0.3kW左右，累積起來，1整天總計有1.38kWh的輸出。因為晴天的發電量大約是13kWh，可知雨天的發電約是晴天的10分之一左右。

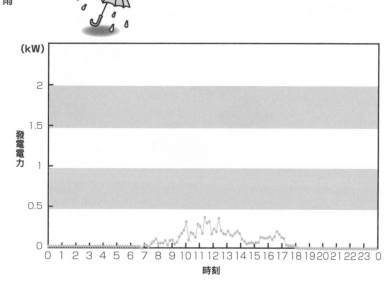

圖1　雨天（1997年7月9日）的發電量時間變化

雨

第 **4** 章

各式各樣的太陽電池
（上級篇）

雖然都叫作太陽電池，
但依照其使用的材料和做法等不同，其性能及成本便會出現極大的差異。
另外，資源的問題也很重要。
本章，從結晶類型的矽、各式各樣的薄膜太陽電池、
甚至還網羅了熱門話題的有機太陽電池等，全部以淺顯易懂的方式解說給您聽。

037

太陽電池材料的多樣化①
太陽電池的分類

　　用材料分類的太陽電池如圖1。現在，應用於太陽電池的半導體材料，可大略分為**矽類型**及**化合物半導體類型**。矽類型中，包括有使用散裝結晶的**結晶矽類型**、使用薄膜的**薄膜矽類型**，以及散裝結晶和薄膜的**混合型**。

　　結晶矽，是最常使用的太陽電池專用半導體材料。結晶矽當中的**單結晶類型**，其效率高但成本也高是它的缺點。最普及的是**多結晶類型**（小結晶聚集成馬賽克狀的物質）。它的效率雖然變得稍微低一點，但因為是溶解了切斷單結晶的粉末所製成的「鑄造物」，因此能夠以省能源・低成本的方式製造。結晶類型的矽太陽電池，若使用大量原料將會是個問題。相對於此，薄膜矽因為使用的是**非晶矽**或**微結晶矽**，低溫時能夠在大面積高速成膜，除了製造成本低以外，只需要結晶矽10分之1以下的厚度即可，相當節省資源。不過，具有效率略低而且會產生**光劣化**等的問題。最近，在結晶矽上搭載薄膜矽的混合類型正在開發中，作為高效率的太陽電池而備受期待。

　　化合物半導體類型，包括有**Ⅲ－Ⅴ族**、**CdTe**和**CIGS**等薄膜類型。**Ⅲ-Ⅴ**族是在GaAs單結晶基板上，將各種組成比的Ⅲ－Ⅴ族半導體薄膜以層狀成膜，雖然是發揮高轉換效率的超高性能太陽電池，但因為價格極高，主要使用於宇宙方面。CdTe類型、CIGS類型在薄膜當中能夠獲取中等程度的效率，由於節省資源且製造成本便宜，已經開始普及。

　　此外，還有**有機半導體類型**，以及發電原理稍微不同的**染料敏化類型**（Dye Sensitized Solar Cell，DSSC）的研究正在進行中，預計正式推出市場將會是在不久的將來。

重點 Check!
●太陽電池材料可大致區分為矽類型及化合物半導體類型
●矽類型中包括結晶類型、薄膜類型系及混合型

圖1 太陽電池依材料的分類

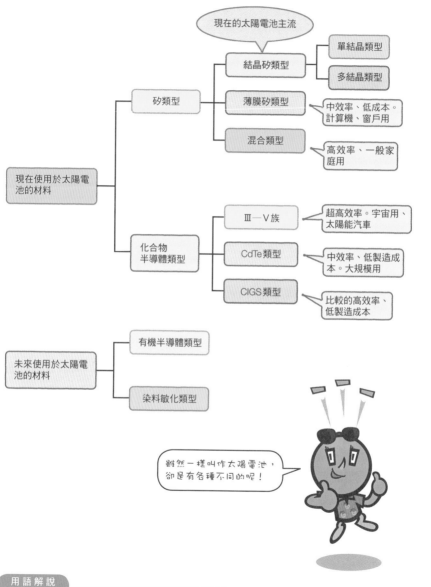

用語解說

光劣化 → 非晶矽元件在太陽光的照射下，其轉換效率會有衰退的現象。此狀態依發現者之名而命名為SWE效應（Staebler-Wronski Effect）。詳細請參照（046）。

038 太陽電池材料的多樣化②
太陽電池的比較

表1是歸納了在（037）中所敘述，與各種材料的太陽電池元件效率、模組效率、成本、材料相關的資源問題及各電池的特徵。

多結晶矽的模組，以相當的高效率及低成本，由1950年以來的研究開發所維持，性能十分穩定。到現在為止的普及型家用太陽電池模組，幾乎都是這個類型。那麼，為什麼有如此多的樣式被研究開發呢？

第1是材料問題。矽本身在地球上雖然大量存在，不過，近期需求開始變多，原料逐漸變得不太足夠。

此外，矽因為被稱為是**間接遷移型半導體**，光吸收很微弱，需要有數百μm的厚度。也就是說，在數μm的薄膜，光會穿透過去。薄膜矽太陽電池，實際上是和名為**氫化非晶矽**的結晶矽是不同的物質。薄的膜雖然可以以低成本製造，但效率不怎麼高，還會有光劣化的問題，因此在**薄膜矽太陽電池**中，會與微結晶矽薄膜結合使用。

如果使用**直接遷移型半導體**的話，能夠取得發電效率高的物質。GaAs等的**Ⅲ－Ⅴ族化合物半導體類型的太陽電池**，其轉換效率非常高，具有在小面積便能取得相同電力的這項優點。Ⅲ－Ⅴ族的類型，作為基板材料使用的GaAs不僅價格高，更因為是應用在非常高精密的製造技術上，導致成本極高，只能在宇宙方面等特殊用途上使用。CdTe及CIGS等也是直接遷移型半導體。它們做出的化合物類型多結晶薄膜太陽電池，雖然不如Ⅲ－Ⅴ族那樣具有高效率，但因為能用低成本製造大面積的數μm薄膜，有節約材料成本的這項優點。

重點 Check!
- ●單結晶矽大面積模組的轉換效率約有23%之高
- ●化合物類型的模組，每度電力的成本比矽類型低

表1	太陽電池的比較

依材料分類	小分類	現狀的轉換效率（％）**		模組成本***	資源	特徵
		模組	元件			
矽類型	單結晶類型	22.7	24.5	2.05*	△	高轉換效率。穩定。Si材料的消費量大方面困難
	多結晶類型	17.0	20.4	1.82*	△	較高效率，普及。材料供給方面困難
	薄膜類型	10.4	20.0	1.37*	○	低成本、大面積可。省資源。在低效率及光劣化方面困難
化合物半導體類型	Ⅲ–Ｖ族類型	36.1	41.6		△	超高效率。宇宙用。高成本，資源問題方面困難
	CIGS 類型	13.6	20.0	0.99&	○	低成本、大面積可。省資源。大面積效率方面困難
	CdTe 類型	10.9	16.7	0.98+	△	低成本、大量生產。中效率。Cd使用問題多
化學類型	染料敏化類型	8.5	11.2	0.75–3.3#	○	低成本、省資源。中效率。液體使用困難。也有光劣化問題
	有機半導體類	3.5	7.9	1–2.84#	○	低成本、省資源。中效率

＊ 2010 年 12 月的最低價格（http：／／www.solarbuzz.com／Moduleprices.htm）
& 2008 年：Nanosolar 公司發表的（role–to–role）
＋ 2009 年：First Solar 公司發表的
Joseph Kalowekamo, Erin Baker : Estimating the manufacturing cost of purely organic solar cells; Solar Energy 83, 1224-1231（2009）
＊＊ M.A.Green et al. :Solar cell efficiency tables（version 35）; Progress in Photovoltaic Research Application, vol.18（2010）pp.144-150.
＊＊＊ 以美金表示巔峰能量每 1W 的模組成本

各種太陽電池的元件轉換效率・模組轉換效率的頂尖數據（2010年時）及有記載模組成本的一覽表

用語解說

直接遷移型半導體、間接遷移型半導體 → 如果使用超越半導體能隙的能源光照射，電子會從價電子帶跳躍到傳導帶，進而引起光的吸收。在這個過程中，若運動量保存法則成立的話，光的吸收就強；如果不成立，光的吸收就弱。稱前者為直接遷移型半導體，稱後者為間接遷移型半導體。詳細請參照第5章（066）～（070）。

039

有如此大的差異！
半導體的光吸收頻譜

太陽電池透過半導體吸收光而釋放出電氣。光吸收的強度，會依各半導體而不同。表示光吸收程度的是**光吸收係數** α。這是光在物質中前進 1 cm時，用來表示光的強度變得有多小的時候所使用的表示法。光只能夠進入半導體中 1／α 的距離（參照用語解說）。

在第 1 章的（013）已學習到半導體當中有能隙，而且，所帶的能源若是比這個能隙更小的光，則無法被吸收。半導體的光吸收係數，會依照所具備之入射光的光子能源而變大。把描繪光吸收係數對光子能源的圖表稱為**光吸收頻譜**。圖1是使用於太陽電池的各種半導體的光吸收頻譜。光在波長越短時，所帶的光子能源會越大。波長 λ〔nm〕和光子能源 E〔eV：Electron Voltag，即電子伏特〕之間，有

$$E = 1239.8／λ$$

的關係，因此會像圖表右邊那樣波長（朝上揚起）變短。

無論是在哪個半導體，光吸收係數會在能隙的光子能源位置開始上升，隨著能源增加而吸收變得強勁。把這個吸收開始上升的位置稱為**光學吸收端**。

觀察圖1後可知，相對於在結晶矽（記載為c-Si）於光學吸收端的光吸收係數上升方式緩慢，在 CuInSe$_2$（CIS）的上升則極為急峻，吸收係數也比結晶矽大了2位數之多。為了得到相同的光吸收量，在 CIS 的話，只需要用結晶矽的1／100的厚度就可以了。如此一來，半導體的光吸收頻譜在製造太陽電池時便能夠提供重要的資訊。

重點
Check!

●在半導體中，當光子能源比光學吸收端大的時候就會吸收光
●光吸收係數的上升，有和緩的也有急促的

圖1　各種太陽電池專用半導體的光吸收頻譜

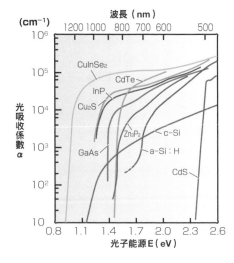

CuInSe₂	硫化銅銦硒
	（簡稱CIS）
Cu₂S	硫化銅（礦物名：輝銅礦）
InP	磷化銦
	（俗稱：銦磷）
CdTe	碲化鎘
	（俗稱：鎘碲）
GaAs	砷化鎵
Zn₃P₂	磷化鋅
c-Si	結晶矽
a-Si:H	氫化非晶矽
CdS	硫化鎘

（A. Zunger：Phys.Rev.B29,1992（1984）修改）

用 語 解 說

表示光衰減樣子的光吸收係數

使具備 I_0 強度的光射入半導體中。這個光在半導體中前進 x〔cm〕時，若把光吸收係數視為 α，光的強度視為 $I(x)$，則可以用

$$I(x) = I_0\,e^{-ax}$$

表示。圖是描繪在相對於3個 α 的值時，光衰減的樣子。只要 $α = 10^4\,cm^{-1}$ 的話，$x = 1/a = 10^{-4}$〔cm〕$= 1$〔μm〕前進時，入射光會衰退到 $1/e = 0.37$。在厚度 3 μm 時，光強度會成為 5% 以下。也就是會吸收大部分的光。相對於此，如果是 $α = 10^3\,cm^{-1}$ 的話，即使前進 3 μm，光強度還是有 74%。$α = 100\,cm^{-1}$ 時，幾乎都沒有吸收光。由此可知，α 是表示物質中光衰退的程度。

圖　表示光吸收係數及光衰減樣子的圖表

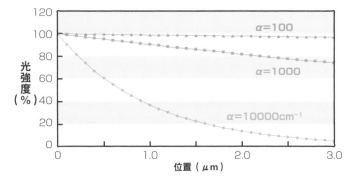

040

以75%的佔有率而自豪的
結晶類型矽太陽電池①

　　結晶類型矽太陽電池，因為起源於1950年代，已有悠久歷史，因此信賴度高，占世界太陽電池生產量的75%。結晶類型有單結晶和多結晶。本節將敘述其差異，並同時介紹其共通技術及課題。

單結晶和多結晶的相異點

　　所謂的單結晶，如圖1的（a），是指原子排列的規則性經過全部材料而被保持。矽單結晶經過結晶全體完整地保持了排列的規則性，絲毫沒有混亂。因為如同多結晶般沒有粒界，因此載子的再結合現象極少，而且性能高。不過，製造成本高是一大困難點。

　　另一方面，所謂的多結晶，是類似（b）一般，全部材料都是從大量的結晶粒（grain）形成，結晶粒內部的規則性雖然因此被保持，但細粒與細粒的方位關係卻是不規則的狀態。多結晶矽是溶解了單結晶矽切斷的粉末後，再放入鑄造模型裡凝固的物質，因為是矽的鑄造物，因此成本低。在結晶粒界（結晶粒和結晶粒的接合處）上有結晶缺陷，為了能夠捕捉到用光製造的載子，和單結晶相比，其轉換效率較差。

單結晶和多結晶的共通點

　　圖2是結晶矽的光吸收頻譜。在比光學吸收端的1.13eV稍微高一點的光子能源的1.25eV中，光吸收係數 α 不會超過約100 cm^{-1}的程度。如同在（039）中所述，光最多只能進入矽內部1／α ＝0.01 cm＝100 μm程度。因此，矽太陽電池若沒有100 μm以上的厚度，射入的光會穿透過去，無法製造電氣。所以，在結晶類型矽太陽電池中，會使用厚達150～300 μm的矽晶圓。

重點
Check!

●單結晶保持了排列的規則性，雖有高性能，卻得要高成本
●多結晶是由大量的結晶粒組成，性能雖差一些，卻是低成本

圖1 單結晶及多結晶的原子排列差異

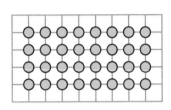

a 單結晶

b 多結晶

結晶粒界

結晶粒

結晶粒

結晶粒

圖2 矽結晶的光吸收頻譜

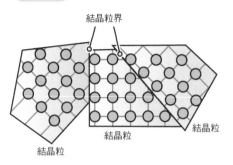
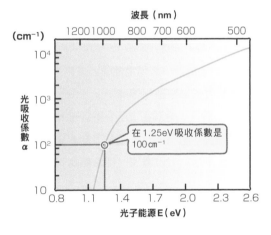

波長（nm）

(cm⁻¹)

光吸收係數 α

在1.25eV吸收係數是100cm⁻¹

光子能源E（eV）

描繪光吸收係數 α 對光子能源E的圖表。縱軸是對數標度（logarithmic scale）。在能隙（1.13eV）附近開始光吸收，隨著光子能源增加的同時緩慢地增加。在能隙正上方的能源，光吸收係數小，於1.25eV（波長約1μm）時，不會超過 $\alpha = 100\,cm^{-1}$，$1 / \alpha = 0.01\,cm$也會進入矽中

矽的特性及界限

矽因為是**間接遷移型**，和身為**直接遷移型**的砷化鎵等相比，其光吸收係數比較小，如果不是充分厚度的結晶，是無法把光變成電的

041

以75%的佔有率而自豪的
結晶類型矽太陽電池②

結晶類型矽太陽電池元件的製造工程

不管是單結晶還是多結晶，在太陽電池元件的製造工程上並沒有太大的差異。在第1章當中，記載了「pn接面二極體是在p型半導體上堆疊n型半導體製成」，但實際的製作法卻不是那樣。

圖1是把結晶類型矽太陽電池的製造工程用流程圖的方式所表示的圖。把p型的矽晶錠切成薄片做成晶圓，以高密度添加（摻雜）製作n型的雜質（施體，donor），提高溫度使雜質擴散，由於比製作p型的雜質（受體，acceptor）密度高，因此可將表面附近做成實效的n型，採用此方式作為製造pn接面的方法。

用光注入的是少數載子：太陽電池是少數載子元件

圖2是結晶類型矽太陽電池的斷面。如上所記，太陽電池的大部分是p型。光經過全部的p層後浸透，價電子帶的電子會移動到傳導帶上。由此，便會產生傳導帶的電子及價電子帶的電洞，而且，電洞因為是p型區域的多數載子，就算用光稍微增加也仍在誤差範圍內。相對於此，電子因為本來就是不在p型區域的少數載子，因此被視為是多餘的載子增加。把這個情況表現成「因光而注入少數載子」。

多餘的少數載子－電子，會在某個時間和多數載子－電洞結合後消失。把這個現象稱為**再結合**。截至再結合為止的時間稱為**少數載子壽命**（Life Time）、把移動至再結合為止的距離稱為**少數載子擴散長度**（MCDL：minority-carrier diffusion length）。只要少數載子沒有抵達pn接面附近，p型區域中由光製成的載子便無法貢獻於光起電力，因此太陽電池必須比少數載子擴散長度更厚。

重點 Check!
- ●結晶類型矽太陽電池是使用少數載子的元件
- ●少數載子擴散長度決定太陽電池的效率

圖1 結晶類型矽太陽電池的製造工程

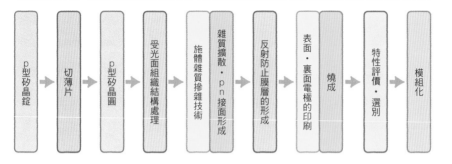

p型矽晶錠 → 切薄片 → p型矽晶圓 → 受光面組織結構處理 → 施體雜質摻雜技術 → 雜質擴散・pn接面形成 → 反射防止膜層的形成 → 表面・裏面電極的印刷 → 燒成 → 特性評價・選別 → 模組化

圖2 結晶類型矽太陽電池的斷面

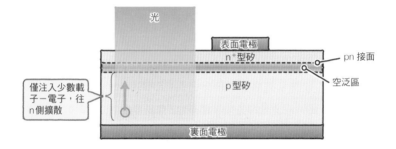

光

表面電極

n⁺型矽 —— pn 接面

—— 空泛區

僅注入少數載子－電子，往n側擴散

p型矽

裏面電極

結晶類型矽太陽電池會在p型矽基板上添加大量的施體，將表面做成高濃度的n⁺層，再製造pn接面。光穿透n⁺層和空泛區，進入p型區域全體。在p型區域中，少數載子的電子會形成多餘的載子，擴散到pn接面的界面，經由空泛區的內藏電位差，而被吸引拉進表面電極，貢獻於光起電力（光伏特效應）

用語解說

多數載子（majority carrier）、少數載子（minority carrier）→ 稱呼半導體中主要的媒介物（在n型是電子、在p型是電洞）為多數載子。相對於此，在n型區域的電洞、p型區域的電子稱為少數載子。少數載子因為被框限於多數載子中，一旦經過某個時間，便會和多數載子再結合後消失。把這個時間稱為壽命（Life Time）。

042 結晶類型矽的轉換效率冠軍
單結晶類型矽太陽電池

結晶類型矽太陽電池當中，使用單結晶矽的，如同在（008）中所敘述般，是於1953年由貝爾研究所所開發。在那之後，研究開發踏實地進行著，形成了更具信賴性的太陽電池。單結晶矽太陽電池的效率競爭最盛時期是在1990年代。透過組合第2章中所敘述之各種要因技術（防止反射膜、組織結構、表面被覆處理技術等），元件轉換效率到達貝爾研究所最初元件近10倍的24.5％，模組效率也上升到近23％。

表1是比較1990年代所開發之矽類型太陽電池的頂尖數據。提出元件轉換效率24.5％、模組效率22.7％這樣頂尖數據的新南威爾斯大學（The University of New South Wales USNW）的元件，因為使用的是高品位的**FZ單結晶**，因此具備圖1般顯示的構造，被命名為**PERL**（Passivated-Emitter, Rear-Localized）。此外，UNSW運用了使用**CZ單結晶**的45.7 cm^{2}的大面積元件，製造出21.6％的轉換效率。FZ法、CZ法的詳細內容已在第2章的（019）敘述。

表1揭露的是使用鑄造（casting）法製作的**多結晶**元件以及模組的效率。使用鑄造法也能在小面積元件上取得近20％的轉換效率，但是在超過100 cm^{2}的大面積元件上卻只能取得17％左右。多結晶的情況下，作成模組時的轉換效率以面積0.1m^{2}的範圍來說，約是在15％左右。

一到了21世紀，低成本化成為最大的注意焦點，轉換效率競爭已不再受人矚目。在單結晶矽太陽電池方面，截至今日，1990年代的那些數據依然是所謂的頂尖數據，實在是相當遺憾。

重點 Check!
●轉換效率最大的單結晶矽太陽電池是使用FZ結晶製成
●和元件效率相比，太陽電池模組效率相當低

表1 | 結晶類型矽太陽電池元件及太陽電池模組的轉換效率（1990 年代）

種類	材料	轉換效率（%）	面積（cm²）	研究機關
元件	FZ 單結晶	24.5	4.0	UNSW*（澳洲）
		22.6	4.0	日立（日本）
	CZ 單結晶	21.6	45.7	UNSW*（澳洲）
	鑄造物（角色）多結晶	19.8	1.0	UNSW*（澳洲）
		17.2	100	夏普（日本）
		17.8	225	京瓷（日本）
模組	FZ 單結晶	22.7	778	UNSW*（澳洲）
	鑄造多結晶	15.3	1017	Sandia（美國）

*新南威爾斯大學

（出處：T.Saito et al.:Prog. Photovoltaics 1, pp.11-23（1993））

圖1 | 在新南威爾斯大學開發的 PERL 元件的構造

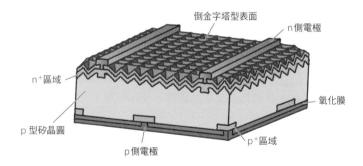

倒金字塔型表面
n側電極
n⁺區域
氧化膜
p 型矽晶圓
p側電極
p⁺區域

PERL 元件的構造，使用高品質的 p 型矽晶圓，把表面加工成倒金字塔形的組織結構構造，把反射防止膜堆積在其上方的物質。在矽的表面及裏面形成薄的氧化膜，以防止表面再結合損失。氧化膜的表面上安排小型孔（Via），減少電極部分和矽的接觸面積。裏面側設計高濃度 p⁺區域，以減少電阻

043 效率雖然比單結晶差
但卻是低成本的多結晶矽太陽電池

鑄造（casting）多結晶矽可以大量生產

多結晶矽的晶錠在坩堝（鑄型）中融解矽，是讓融液從底部往上方固化（direct freezing）的方法，或是以圖1所模擬的方式般，把融液從其他的坩堝灌注到增長用的坩堝內，透過此增長的方式鑄造〔詳情請參照第2章（*020*）〕。鑄造法因為在和單結晶增長相同程度的時間內，可以得到單結晶晶錠近10倍以上高達數百kg的多結晶晶錠，因此它具備生產性高、且能源消耗低這樣的優越性〔出處：宇佐美德隆，應用物理學會結晶工學分科會第133回研究會會議文本p.43（2010.7）〕。

多結晶矽雖然不適用於電晶體，卻可應用於太陽電池

圖2是模擬多結晶矽的晶錠所描繪出來的圖。多結晶晶錠是由多數的**結晶粒**緊密靠攏相互鏈結而成。結晶粒的內部具有和單結晶一樣的規則性。結晶粒和結晶粒相交會的界面則稱為結晶粒界或**粒界**。

如圖3的（a）所示，在電晶體或LSI等的電子元件中，因為載子會在內部活動，必須在粒界不阻礙載子活動的狀態下使用單結晶。另一方面，在太陽電池中，如（b）一般，載子會在結晶粒中呈垂直流動，即使有粒界存在也不會對太陽電池的光起電力帶來太大影響。多結晶類型因為成本低又能夠獲得較高的效率，因此較為普及。當然，在粒界附近有鏈結不完全的懸浮鍵（dangling bond），由於它們會有捕捉載子後沒有釋放，或是通過粒界時漏電流流出等問題，可使用表面被覆處理技術（surface passivation）〔參照第6章（*077*）〕修復。

重點 Check!
●多結晶矽能用鑄造法等低成本・省能源的方式製造
●多結晶矽雖然不適用於電子元件，卻能夠應用於太陽電池

圖1 太陽電池用多結晶矽的矽鑄造物

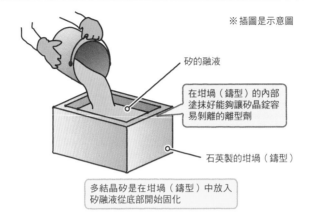

※插圖是示意圖

矽的融液

在坩堝（鑄型）的內部塗抹好能夠讓矽晶錠容易剝離的離型劑

石英製的坩堝（鑄型）

多結晶矽是在坩堝（鑄型）中放入矽融液從底部開始固化

圖2 多結晶矽的結晶粒及粒界

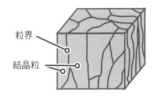

粒界

結晶粒

多結晶矽是由多數的矽結晶粒相互緊密連結增長。結晶粒和結晶粒的鏈結界面稱為粒界

圖3 多結晶雖不適用於電晶體，卻可應用於太陽電池

ⓐ

原液（sauce） 閘門（gate） 溶液排出（drain）

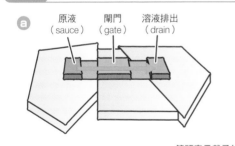

ⓑ

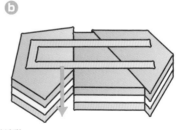

箭頭表示載子的流動

電晶體因為必須以橫向流動載子，因此不容易在多結晶的上方製作

太陽電池因為是以垂直方向在結晶粒中流動載子，因此即便是多結晶也沒有問題

雖然低效率但材料成本低廉的 薄膜矽太陽電池①

矽材料的供給窘迫

近年因太陽電池熱潮,導致矽晶錠的需求變得迫切。雖然只要極少材料便能製造的薄膜太陽電池之普及備受期待,但是結晶類型矽太陽電池因為光吸收弱,要是沒有100~300μm的厚度,是無法利用全部的射入光的。矽太陽電池的薄膜化可行嗎?即便是相同的矽類型,也會如(*039*)的圖1所表示般,氫化非晶矽(a-Si:H)在能隙(1.7eV)垂直上方的2.0eV,具有超過$10^4\,cm^{-1}$的吸收係數,可以製造出薄膜太陽電池。圖1中用於太陽能計算機的太陽電池的材料,就是非晶矽。

何謂氫化非晶矽薄膜

結晶矽的原子排列和非晶矽的原子排列,當中的差異以圖2表示。若只觀察矽原子的附近,可發現無論是(a)的結晶矽還是(b)的非晶矽都只伸出4條分子鏈(稱此為4配位)。

結晶矽具有(a)表示的單位晶胞(鑽石構造)週期性反覆,以及在長距離範圍內的規則性(長距離秩序)。但是,在非晶矽當中,為了使鏈結的長度和角度可以晃動,因此失去長距離秩序,無法保有4配位,而呈現出3配位的矽。(b)的虛線部分不是原子,而是贅餘的1個電子在搖晃著。把此稱為「**懸浮鏈**」(又稱「未鏈結鏈」,dangling bond)。只要有這個存在,即使增添雜質,也不會變成施體或受體。用輝光放電法(Glow Discharge)分解矽甲烷氣體製作的氫化非晶矽,如圖2的(b)所示,由於未鏈結鍵的大部分會和氫鏈結後出現無效化,而增添的雜質會以施體或受體的身分運作,因此能形成實用的元件。

●非晶矽的吸收係數高,可作為薄膜太陽電池的材料
●由於氫終結了未鏈結鏈,完成了p型、n型

圖1 太陽能計算機的太陽電池是非晶矽薄膜

非晶矽
太陽電池

圖2 結晶矽及氫化非晶矽的原子排列比較

ⓐ **結晶矽的單位晶胞**

（鑽石構造）

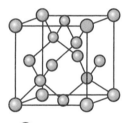

Si原子

（單位晶胞：在結晶的原子排列上的反覆單位）

ⓑ **氫化非晶矽**

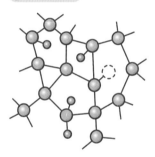

○ Si原子

○ H原子

◌ 未鏈結鍵

結晶及非結晶的近距離鏈結都是4配位，但是在結晶當中，原子和原子的鏈結鍵的長度或鏈結的角度是固定的，相對於單位晶胞的構造以週期性反覆，在非結晶當中，鏈結鍵的長度和角度會晃動，沒有週期性，因此無法確保每個位置的4配位，近而產生出未鏈結鍵

氫化非晶矽的歷史

非晶矽的研究從1960年代開始，但是當時使用的真空蒸鍍、濺鍍法等方法都無法製造出n型或p型，因此更沒辦法做太陽電池等pn接面元件。1975年，英國的科學家Walter Spear與Peter LeComber利用輝光放電分解矽甲烷氣體（SiH_4），再運用堆疊沉積方法，成功地製造出非晶矽的pn接面。他們透過混合磷化氫（PH_3）實現了n型、混合乙硼烷（B_2H_6）實現了p型。目前已得知使用這個方法實現的p型、n型，是經由未鏈結鍵在矽甲烷中所蘊含的氫被終結才造成。

045 雖然低效率但材料成本低廉的 薄膜矽太陽電池②

非晶矽薄膜太陽電池並非是pn接面，而是pin接面

氫化非晶矽（a-Si：H）薄膜太陽電池和結晶類型矽太陽電池不同，因為它不使用少數載子的擴散。非晶矽的pn接面無法得到像結晶矽那樣良好的二極體特性。其理由在於添加雜質做成n型或p型的非晶矽，和未添加的情況相比品質較差，這是因為未鏈結鍵捕捉載子後未分離，或是載子在未鏈結鍵之間跳躍移動而使接面短路等等。為了防止這樣的情況，如圖1的斷面圖所示，可以在p層和n層之間插入未添加且品質較好的i層（i表示intrinsic：本徵層的略稱）。在i層產生的光載子對當中，電洞使用在p層及i層的界面上形成的內藏電位差（參照011）使其聚集在p層那側；電子使用在i層及n層的界面上產生的內藏電位差，使其聚集在n層那側。運用這個方式，有效地分離電子及電洞。

非晶矽的光吸收比結晶類型矽更強

圖2是模擬非晶矽的光吸收頻譜的圖。在圖中繪製的小圖，A附近的吸收係數是稱作Tauc's plot的圖，從直線部分橫切零的位置可得到能隙 E_0。非晶矽的 E_0，比結晶類型矽的1.1eV高1.7eV。因為有比等同於1.7eV的光的波長（約730nm）波長更長的光透過，因此非晶矽的薄膜看起來會是紅色。光吸收頻譜上升的方式因為比結晶矽來得急峻，即使只有數μm厚度的膜，也能夠充分地吸收光。因此，只要有結晶類型1／10～1／100的厚度即可，非常節省資源。此外，如同在第2章的（021）中敘述般，薄膜因為堆疊在大面積的玻璃基板上，因此生產性高且成本低。

重點 Check!
●非晶矽太陽電池使用pin構造
●非晶矽太陽電池由於光吸收的速度相當急峻，用薄膜也OK

圖1　氫化非晶矽薄膜太陽電池的構造

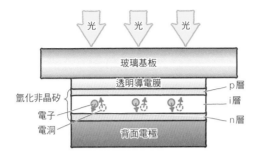

薄膜矽太陽電池，是在裝載了透明導電膜的玻璃基板上，以p層、i層、n層、背面電極的順序堆疊非晶矽薄膜的構造

圖2　非晶矽的光吸收頻譜

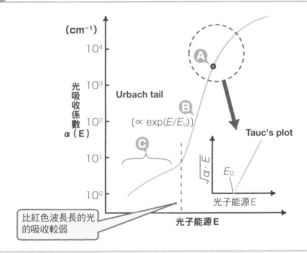

- 如插入圖般，若在A的附近重新繪製的話，可求得能隙 E_0。由於是光學方面的要求，因此稱之為「光學能隙」（非晶矽的 E_0 約1.7eV）
- B的附近以原子排列的混亂為基礎，可畫出指數函數的輪廓線（稱之為Urbach tail）
- C周圍的吸收是根據非結晶特有的間隙內狀態

插入圖是名為「Tauc's plot」的圖。它是光吸收係數 α 及光子能源 E 相乘後開平方根再對應光子能源 E 的圖。延伸直線部分後橫切0的能源會成為能隙 E_0。

046

雖然低效率但材料成本低廉的
薄膜矽太陽電池③

組合微結晶矽及非晶矽

　　圖1是表示高轉換效率的薄膜矽太陽電池的斷面構造例，在光射入端（窗層）的p層，會形成使用**非晶矽氫化碳化薄膜（a-SiC:H）**的異質接面構造（Heterojunction）；i層是使用**非晶矽氫薄膜（a-Si:H）**的異質接面構造；n層是使用移動度大導電率高的**微結晶矽（μc-Si）**的異質接面構造。這個微結晶矽和製造非晶矽使用相同的電漿氣相沉積法（Plasma-Enhanced CVD，PECVD）裝置（參照 *021*），由於隨著矽甲烷氣體能夠只增加供應的氫氣流量，能夠使用和非晶矽成膜相同的製法是它的一大優勢。

　　微晶矽如圖2所示，是像在非晶矽的海面上漂浮著好幾個數nm結晶的狀態。因為是一種多結晶矽，能隙和結晶類型矽一樣是1.13eV，也能夠利用從太陽光的紅外線到近紅外線這段距離的成分。

因強光導致特性劣化是非晶矽的致命傷

　　非晶矽太陽電池的致命傷是光劣化。若只是像室內光那樣微弱的光，雖然決不會造成光劣化，但是一旦被強烈的太陽光照射的話，最初的10%轉換效率便會下滑到7～8%。這個光劣化現象依它的發現者命名為**SWE效應**（Staebler-Wronski Effect）。微結晶矽則當然不會有光劣化問題。

重點
Check!

●薄膜矽太陽電池使用非結晶和微結晶的組合物
●薄膜矽的致命傷在於尚未解開的光劣化現象

圖1　薄膜矽太陽電池的斷面

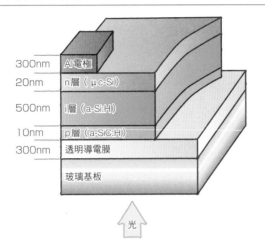

300nm　Al電極
20nm　n層（μc-Si）
500nm　i層（a-Si:H）
10nm　p層（a-SiC:H）
300nm　透明導電膜
　　　　玻璃基板

光

薄膜矽太陽電池，會在搭載了透明導電膜的玻璃或塑膠基板上，堆疊當作p層能隙大的a-SiC:H；當作i層的a-Si:H；當作n層能隙小且導電率高的微結晶矽（μc-Si），形成搭載了非結晶背面電極的異質構造

圖2　微結晶矽（μc-Si:H）的示意圖

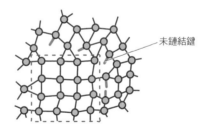

未鏈結鍵

用虛線圈起的部分是微結晶，它的周圍是非結晶，紅色線是非晶矽的未鏈結鍵

用語解說

SWE效應（Staebler-Wronski Effect）→ 1997年，美國的研究者David L.Staebler和Christopher R.Wronski在a-Si:H上照射AM-1、100mW的太陽光，結果發現光導電效果減少，不過，利用150℃的熱處理便能夠復原。此外，a-Si:H太陽電池因光照射導致轉換效率減少15～20%的現象也成為一個問題，並且依發現者而將其命名為SWE效應。之後，雖然因光照射產生的缺陷（未鏈結鍵）被認為是原因，不過至今還沒有完全被解開。

047

在宇宙活躍的Ⅲ–Ⅴ族類型
化合物半導體太陽電池

各種人造衛星和宇宙站的主要電源都是太陽電池（圖1）。宇宙用和地上用的不同，為了抑制發射成本，很自然地會要求每重量發電量大，並且具備高效率的太陽電池。此外，宇宙因為會曝曬在強烈輻射中，因此要求需要輻射損傷少的材料。

使用代表GaAs（化學名：砷化鎵gallium arsenide）的Ⅲ–Ⅴ族化合物半導體的太陽電池，因為能顯現出高轉換效率，且對於輻射損傷的抵禦能力強，因此被人造衛星及宇宙站採用［關於Ⅲ–Ⅴ族類型請參照（048）］。

如（049）所述，GaAs結晶及薄膜的製作成本雖高，但是在宇宙開發上是以高轉換效率為優先考慮因素而被採用。

比矽大了有2位數的GaAs光吸收

如表1所示，Ⅲ–Ⅴ族化合物半導體類型的太陽電池，在單接面超過25%、在多接面超過30%、在聚光型超過40%的高元件轉換效率正在開發中（關於多接面及聚光型請參照第3章）。

為什麼Ⅲ–Ⅴ族化合物半導體的太陽電池的轉換效率這麼高呢？以代表的GaAs為例說明。那是因為它的光吸收係數大，而且能強烈地吸收光。如圖2所示，由於矽是間接遷移型，光吸收係數會隨著光子能源緩慢地提升，相對於這個現象，直接遷移型的GaAs的吸收係數是急劇地上升。若把光吸收係數用光學吸收端正上方的光子能源比較的話，可得知矽當中A位置有100 cm^{-1}，GaAs當中B位置是$10^4 cm^{-1}$，GaAs大約比矽高出2位數（關於直接遷移、間接遷移會在第5章詳述）。

重點
Check!

●宇宙用太陽電池，比起成本，更要求高效率及輻射線耐性
●Ⅲ–Ⅴ族化合物的光吸收強，可得到高轉換效率

太陽電池面板是人造衛星或宇宙太空站的主要電源

表1　Ⅲ−V族化合物半導體類型太陽電池元件的性能比較

材料	非聚光／聚光	接面數	端子數	轉換效率（%）	發表者、發表年
GaAs（薄膜）	非聚光	單接面	2	26.1	Radboud U. 2009
GaAs	聚光（232sun）	單接面	2	28.8	Fraunhofer, 2009
GaAs（多結晶）／Ge 基板	非聚光	單接面	2	18.4	RTI, 1997
InP（化學薄膜）	非聚光	單接面	2	22.1	Spire, 1990
GaInP／GaAs	非聚光	2接面	2	30.3	Japan Energy, 1996
GaInP／GaAs／Ge	非聚光	3接面	2	32.0	Spectrolab., 2003
GaAs／CIS	非聚光	2接面	2	25.8	Kopin／Boeing, 1988
GaInP／GaAs／Ge	聚光（364sun）	3接面	2	41.6	Spectrolab., 2009

出處：M. A. Green et al.：Solar cell efficiency table（version 35），Prog.
Photovolt：Res. Appl. 18（2010）144-50

圖2　矽及 GaAs 的光吸收係數的比較

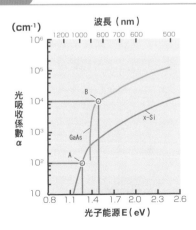

光子能源只有在 0.14eV 時比 Si 的光學吸收端（1.11eV）高
在 E ＝ 1.25eV（A 點）時，光吸收係數約 100 cm^{-1}，相對於此現象，GaAs 當中，在比光學吸收端 1.43eV 高 0.08eV 的 E ＝ 1.5eV（B 點）甚至能達到 10^4 cm^{-1}，可知光學吸收端正上方的吸收係數，GaAs 比 Si 高 2 位數

048 Ⅲ–Ⅴ族化合物半導體的結晶構造及原子結合

Ⅲ–Ⅴ族化合物半導體的結晶構造

　　圖1的（b）是表示砷化鎵（GaAs）的結晶構造（ZB：立方硫化鋅結構）。GaAs在（a）的矽結晶構造（鑽石構造）中，矽（Si）原子會間隔一個置換為Ⅲ族鎵（Ga）原子及Ⅴ族的砷（As）原子形狀。立方硫化鋅結構的單位晶胞是立方體。像GaAs那樣的Ⅲ族和Ⅴ族的化合物稱為Ⅲ–**Ⅴ族化合物**。所謂的Ⅲ-Ⅴ族，就是指Ⅲ族和Ⅴ族的化合物。Ⅲ族在週期表的13列以縱方向排列的硼（B）、鋁（Al）、鎵（Ga）、銦（In）這些金屬元素，在現在的化學教科書裡被命名為第13族。另一方面，Ⅴ族是在第15列排列的氮（N）、磷（P）、砷（As）、銻（Sb）、鉍（Bi）等元素。

Ⅲ–Ⅴ族化合物半導體的原子結合

　　矽是唯一一個由單一種類的原子製成的半導體。如圖2所示，矽的價數是4，也就是最外層電子是每1原子有4個。矽的各原子在共價鍵上拿出4個電子結合成原子組製成結晶。Ⅲ–Ⅴ族如（b）所示，Ⅲ族元素的3個最外層電子及Ⅴ族元素的5個最外層電子靠近結合，總計8個最外層電子各分成4個再重組，具有和矽相同般製造共價鍵的半導體性質。

　　表1整理了具有和砷化鎵相同結晶結構的Ⅲ–Ⅴ族化合物半導體結晶的晶格常數（單位晶胞排列的週期）、能隙、載子輸送特性（電子移動度及電洞移動度）。砷化鎵的能隙在1.43eV會比矽的1.13eV大，電子移動度具有比矽（約1000 cm^2／Vs）高的9750 cm^2／Vs值。

重點 Check!

●代表砷化鎵的Ⅲ-Ⅴ族化合物是共價鍵半導體
●幾乎所有的Ⅲ-Ⅴ族半導體都具有立方晶的結晶構造

圖1　矽及砷化鎵的單位晶胞（結晶構造的反覆單位）的比較

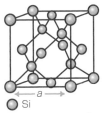

ⓐ 矽（鑽石結構）

○ Si

晶格常數 a = 5.431Å

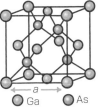

ⓑ 砷化鎵（立方硫化鋅結構）

○ Ga　● As

晶格常數 a = 5.653Å

> GaAs（立方硫化鋅結構）具有能夠把（ a ）矽結晶（鑽石結構）的 Si 原子像（ b ）那樣有規則地置換 Ga 原子（黃色）和 As 原子（紫色）的結晶構造

圖2　矽及砷化鎵的結合比較

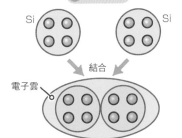

ⓐ 矽的結合

Si　Si

結合

電子雲

> 在矽當中，2 個原子各提出 4 個電子，分離結合共計 8 個電子的共價鍵

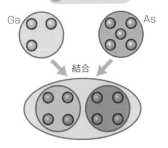

ⓑ 砷化鎵的結合

Ga　As

結合

> 從 Ga 提出 3 個，As 提出 5 個電子，分離結合共計 8 個電子的共價鍵

表1　Ⅲ-V 族化合物半導體一覽表

化合物	結晶構造	晶格常數（A）	能隙（eV）	電子移動度（cm²/Vs）	電洞移動度（cm²/Vs）
GaP	ZB	a = 5.4512	2.27	190	150
InP	ZB	a = 5.8686	1.34	540	150
AlAs	ZB	a = 5.6605	2.15	294	
GaAs	ZB	a = 5.6533	1.42	9750	450
InAs	ZB	a = 6.0584	0.36	33000	450
AlSb	ZB	a = 6.1355	1.62	200	400
GaSb	ZB	a = 6.0959	0.75	7700	1000
InSb	ZB	a = 6.4794	0.18	77000	850

049

支持混晶效率40%的Ⅲ-Ⅴ族化合物半導體類型太陽電池

　　如（047）的表1所示，超過30%的高效率Ⅲ-Ⅴ族化合物半導體類型太陽電池具有2接面、3接面的構造。在GaInP／GaAs的2接面堆疊型構造（堆疊型請參照第2章的026）是30.3%，GaInP／GaAs／Ge的3接面堆疊型構造是32%。在競賽中獲得優勝之太陽能汽車的太陽電池（效率35%），是GaInP／GaInAs／Ge的3接面堆疊型構造。GaInP（磷化銦鎵）是GaP和InP的混晶（混合2種以上半導體所製成的半導體）。

　　混晶會透過所混合之2種金屬的比例（組成比），而將其物理性質改變為各種模樣。

　　圖1的（c）是GaInAs（$Ga_{1-x}In_xAs$）的結晶構造。在（a）的GaAs上混入（b）的InAs可以做出（c）的混晶。但是共有的As原子（紫色）沒有進入替換而增加In組成的話，Ga原子（黃色）的一部分會任意地替換成In原子（淺藍色）。

　　製造堆疊型構造時，必須像圖2那樣由晶格把能隙不同的半導體相連般堆疊沉積才行。依晶格相連而使單結晶增長的方式稱為**磊晶成長（Epitaxial Growth）法**。如果晶格沒有相連，則上方有搭載薄膜的界面附近會出現轉位而導至特性變差。

　　磊晶成長因為是利用MBE（分子束磊晶，亦稱分子束外延，Molecular Beam Epitaxy）或MOVPE（有機金屬氣相磊晶法，Metal Organic Vapor Phase Epitaxy）等電子元件製造時所使用的高性能裝置進行，無法處理大面積且成本會提高。

重點 Check!
- ●Ⅲ-Ⅴ族類型太陽電池，使用磊晶成長法的單結晶膜
- ●實際的太陽電池會採用Ⅲ-Ⅴ族混晶

圖1 GaAs、InAs、Ga₁₋ₓInₓAs 混晶的結晶結構

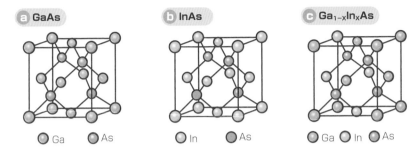

在（a）的GaAs上混入（b）的InAs可以做出（c）的混晶。但是共有的As原子（紫色）沒有進入替換而增加In組成時，Ga原子（黃色）的一部分會任意地替換成In原子（淺藍色）

圖2 藉由製造混晶，連結晶格

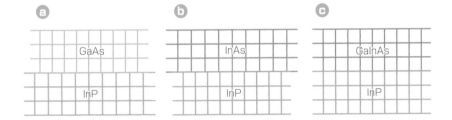

如果讓（a）GaAs（晶格常數 a＝5.653Å）在InP結晶（晶格常數 a＝5.869Å）上增長的話，晶格無法連接。讓（b）InAs（晶格常數 a＝6.058Å）在InP結晶上增長的情況也一樣，晶格是無法連接的。經由製造具備適當組成比的GaInAs混晶，像（c）一般晶格常數會逐漸趨近於InP而能夠增長

用語解說

MBE（分子束磊晶，亦稱分子束外延，Molecular Beam Epitaxy）→ 薄膜結晶增長法的一種。在高真空中，使用名為石英克勞森容器（Knudsen Cell）的坩堝加熱原料使其氣態化。然後放置這些氣態物質在對面的基板上，讓它們在那裡互相作用凝結成結晶，使其進行磊晶成長。

MOVPE（有機金屬氣相磊晶法，Metal Organic Vapor Phase Epitaxy）→ 薄膜結晶增長法的一種。在氫等媒介氣體上添加三乙烷基鎵（Triethyl-gallium，TEG）、砷化三氫（Arsine，AsH₃）等有機金屬氣體，在加熱的基板上分解有機金屬，互相作用凝結成結晶，使其進行磊晶成長。

050

低成本且爆發般普及的
CdTe薄膜太陽電池

　　和Ⅲ–Ⅴ族化合物相同，組合Ⅱ族和Ⅵ族（S、Se、Te）也能夠製造出共價鍵性質的半導體。所謂的Ⅱ族，是指鋅（Zn）、鎘（Cd）等屬於週期表第12列的2價金屬。太陽電池材料CdTe（碲化鎘，Cadmium telluride）是Ⅱ–Ⅵ族半導體的一種。如圖1所示，Cd只帶有2個最外層電子，和具有6個最外層電子的Ⅵ族間提供出外層電子，分解再結合總共8個電子的共價鍵。小面積元件的轉換效率冠軍數據是16.7%，顯示出連多結晶薄膜都有超過10%的高轉換效率。

　　如圖2所示，CdTe是光吸收相當急劇的直接遷移型半導體。能隙位在1.48eV，是（026）當中介紹過的理論界限轉換效率當中，令人相當期待的最高轉換效率。在CdTe太陽電池當中，使用CdTe當作p型材料、使用CdS當作n型材料製造pn接面。把這種異質物質的接面稱作**異質接面**（Heterojunction）。

　　圖3是CdS／CdTe太陽電池元件的斷面構造。在搭載了透明導電膜的玻璃基板上，堆疊CdS薄膜（n型）來當作基板，利用近接昇華法堆疊CdTe，並把碳當作背面電極塗布的這種以大量生產為導向的極簡單製程。

　　運用「從交貨到回收廢棄連貫進行，為太陽電池再利用的技術課題提出貢獻」這項主張，把使用碳導致毒性強的這個負面印象轉換為正面印象而瞬間席捲薄膜太陽電池市場的是First Solar公司。

重點
Check!
　●CdTe／CdS太陽電池的製程簡單，同時達到低成本及高效率
　●利用太陽電池再利用這個商業手法，順利解決了Cd的毒性問題

| 圖1 | CdTe 電子的共價鍵 |

| 圖2 | 各種半導體的光吸收頻譜 |

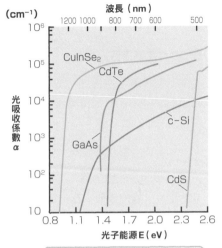

從 Cd 提出 2 個，Te 提出 6 個電子，分離結合共計 8 個電子的共價鍵

在 CdTe 1.7 eV 的光吸收係數比 GaAs 約大 3 倍

| 圖3 | CdS／CdTe 太陽電池元件的斷面構造 |

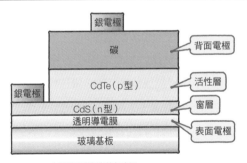

太陽光從玻璃基板射入

CdS／CdTe 太陽電池在搭載了透明導電膜的玻璃基板上，堆疊 n 層的 CdS 薄膜和 p 層的 CdTe 薄膜，並具有把碳當作背面電極塗布的這種極簡單構造

051 CIGS薄膜太陽電池的結晶構造及物性

CIGS是甚麼東西的略稱？

原料只需要少量薄膜就能完成的極高轉換效率太陽電池，在現在成為最熱門話題的是 **CIGS太陽電池**。所謂的CIGS，是取自銅（Cu）、銦（In）、鎵（Ga）、硒（Se）這4元素組成的 $CuIn_{1-x}Ga_xSe_2$ 化合物半導體的開頭字母。是3元（由3個元素組成）化合物半導體 $CuInSe_2$（略稱CIS）中銦的一部分用鎵替換的混晶半導體。

CIS是矽一族的後裔：在化合物半導體的族譜上看見的多元化流程

CIS並不像矽那麼單純，準確來說是矽一族的後裔。表現這狀態的是圖1顯示之化合物半導體的多元化族譜。

矽是IV族（14族）元素。之前已在（*048*）敘述過Ⅲ－Ⅴ族、在（*050*）敘述過Ⅱ－Ⅵ族，以及和IV族等製作電子共價鍵的內容。更進一步地，在Ⅱ－Ⅵ族可把Ⅱ族（12族）元素置換為Ⅰ族（11族）及Ⅲ族（13族），使用2個Ⅵ族所製成的 $I-III-VI_2$ 族，也能夠形成具共價鍵的半導體。

原子的排列方式（結晶結構）和黃銅礦相同

圖2表示的是 $CuInSe_2$ 結晶的單位晶胞（反覆的單位立體結構）。它是把GaAs等立方硫化鋅結構堆疊成2層，以規則狀配置Cu和In的物質。這個原子配置因為和發亮礦石黃銅礦（$CuFeS_2$）相同，因此使用黃銅礦的英文名稱「Chalcopyrite」，稱為Chalcopyrite結構（黃銅礦結構）。

表1整理了CSI相關之 $I-III-VI_2$ 族半導體。由於銀屬於高價品，因此當作太陽電池材料時只會使用銅。 $I-III-VI_2$ 半導體的能隙橫跨紅外線－可視光線－紫外線範圍的波長區域。

重點
Check!

●CIGS是由Cu、In、Ga、Se這4元素製成之化合物半導體的略稱
●CIGS和黃銅礦一樣，採用「Chalcopyrite結構」

圖1 化合物半導體的多元化系譜

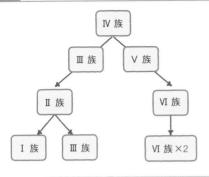

例：矽
（Si）

例：砷化鎵
（GaAs）
立方硫化鋅結構（ZB）

例：碲化鎘
（CdTe）
立方硫化鋅結構（ZB）

例：硫化銅銦硒
（CuInSe₂）
黃銅礦結構（CH）

其他還有把Ⅲ－Ⅴ族的Ⅲ族元素置換為Ⅳ族的Ⅱ－Ⅳ－Ⅴ₂族的半導體，在此處省略

圖2 立方硫化鋅結構（左）及黃銅礦結構（右）

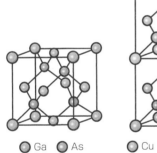
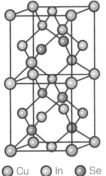

黃銅礦結構（右）的單位晶胞，是累積重疊了2層的立方硫化鋅結構（左），具有規則配置2種陽離子的結晶構造

○ Ga ○ As ○ Cu ○ In ○ Se

表1 CIS的同類夥伴們

化合物	能隙（eV）	晶格常數（Å）a	c	化合物	能隙（eV）	晶格常數（Å）a	c
CuInSe₂	1.04	5.79	11.60	CuInS₂	1.53	5.52	11.08
CuGaSe₂	1.6	5.61	11.01	CuGaS₂	2.5	5.35	10.48
CuAlSe₂	2.7	5.60	10.91	CuAlS₂	3.5	5.32	10.43
AgInSe₂	1.04	6.10	11.68	AgInS₂	1.9	5.82	11.18
AgGaSe₂	1.9	5.82	11.18	AgGaS₂	2.7	5.75	10.29
AgAlSe₂	2.55	5.96	10.74	AgAlS₂	3.13	5.70	10.26

Ⅵ族的碲化物省略

CIGS薄膜太陽電池元件的構造及特性

CIS的光吸收是半導體中最強的

CIS（CuInS$_2$）因為是直接遷移型半導體，如（050）的圖2所示般，它的光吸收係數和其他半導體相比非常大，因此，即使只是1～2μm這麼薄的膜也能夠強勁地吸收太陽光。把銦（In）的一部分用鎵（Ga）替換的CIGS，已知它在1.25eV附近具有能隙，且轉換效率高，在小面積元件有20%這樣高的值。即使做成大面積的模組，也有不遜於矽多結晶太陽電池轉換效率的16.7%的值。

同樣應用於1kW發電時，矽需要5kg，但若是CIS，銅＋銦只要60g就OK

請觀看圖1。矽太陽電池大約需要200μm厚度的矽結晶，因此取得1kW**發電時需要矽5kg**。然而，CIGS薄膜用厚度2μm薄的膜即可，應用在同樣1kW發電時，只需要**金屬原料總重要60g**就很足夠，實在是非常省資源。比起薄膜矽，它的效率高、沒有光劣化、製造成本也很低廉，多結晶矽被視為是跨時代產物而備受期待，已在日本、德國、台灣等地開始量產。

CIGS元件的成本低廉

圖1是CIGS太陽電池元件的構造。使用便宜的藍色平板玻璃當作基板，在基板上用濺鍍法堆疊鉬薄膜，接著用3階段多元蒸鍍法堆疊CIGS薄膜，然後用合金薄膜硒化法堆疊，接下來是用CBD（化學藥品浸漬）法堆疊硫化鎘（CdS）等能隙大的超薄膜。更進一步地，利用MOCVD（有機金屬化學氣相沉積法，Metal-organic Chemical Vapor Deposition）堆疊氧化鋅透明導電膜，最後搭載金屬配線就完成了。如此一來，CIGS能夠以省資源且低成本的方式製做大面積。

重點
Check!

●CIGS因光吸收強，既省資源又高效率
●基板和製造流程都是低成本

圖1　CIGS太陽電池及矽太陽電池用於1kW發電時的必要材料重量比較

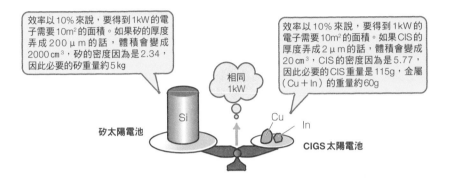

效率以10%來說，要得到1kW的電子需要10m²的面積。如果矽的厚度弄成200μm的話，體積會變成2000cm³，矽的密度因為是2.34，因此必要的矽重量約5kg

相同1kW

效率以10%來說，要得到1kW的電子需要10m²的面積。如果CIS的厚度弄成2μm的話，體積會變成20cm³，CIS的密度因為是5.77，因此必要的CIS重量是115g，金屬（Cu＋In）的重量約60g

矽太陽電池　Si

Cu　In

CIGS太陽電池

圖2　CIGS太陽電池元件的斷面構造

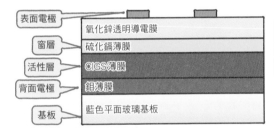

表面電極　氧化鋅透明導電膜

窗層　硫化鎘薄膜

活性層　CIGS薄膜

背面電極　鉬薄膜

基板　藍色平面玻璃基板

CIGS太陽電池，在藍色平板玻璃基板上搭載背面電極鉬（Mo）的上方，依CIGS薄膜、Cds或ZnS、氧化鋅透明導電膜的順序堆疊

未使用銦的CZTS太陽電池

CIGS若和矽相比會比較省資源，In的克拉克數（請參照第7章的 *081*）近0.00001%低，而且能當作降半音顯示器用的透明導電膜ITO的材料，因為需求高，會有資源不足的憂慮

用語解說

3階段多元蒸鍍法 → Cu、In、Ga、Se這4元素依3階段順序堆疊，形成CIGS膜。在第1階段堆疊In、Ga、Se，第2階段堆疊Cu、Se，第3階段堆疊微量In、Ga、Se後調整組成。20%的高效率元件就是用這個方式製作。
合金薄膜硒化法 → 把Cu、In、Ga當作原料用濺鍍法堆疊合金膜，運用硒化氫H_2Se等硒化，製作CIGS薄膜。雖是中等效率，卻很適合大量生產。

053 以有機化合物和碳的共同研究製造的電氣有機太陽電池

　　碳的化合物當中，去除氧化物等一部分化合物的叫作**有機化合物**。塑膠便是有機化合物的一種。有機化合物一般是不導電的絕緣體，不過，發現也帶有通電性質（導電性）物質的，是獲得諾貝爾獎的白川英樹（Shirakawa Hideki）先生。

　　在帶有導電性的物質中，有具備半導體性質的物質，把這類物質稱為**有機半導體**。有機半導體當中，包括有與無機半導體p型相當的「電子受體（electron acceptor）」，以及和n型相當的「電子供體（electron donor）」，可以組合這兩者來製造太陽電池。有機半導體的特徵，在於能透過溶液塗布或印刷便宜又簡單地製造大面積的薄膜，能夠製造出具彎曲彈性的太陽電池。

　　在有機高分子（Polymer）塗布型有機薄膜太陽電池當中，以具有有機半導體性質的Polymer為電子受體，以富勒烯（fullerene）（C60）的誘電體（PCBM）為電子供體使用，在單一元件可得到5%左右的轉換效率，在堆疊結構元件可得到最高6.5%的轉換效率。

　　塗布型太陽電池，並不像無機太陽電池那樣能清楚地分離p型區域和n型區域，如圖1所示，電子受體和電子供體會相互結合而形成**有機異質**（Bulk Heterojunction）。以這個太陽電池為例，因Polymer半導體的載子擴散長度較短，只有在雙方材料的界面上能進行電氣轉換，被認為在提升效率方面有其限制。

　　近期開發的**pin接面型有機太陽能電池**，使用名為Tetrabenzoporphyrin（BP）的低分子有機半導體來當作電子供體，使用具備結晶填充構造的富勒烯誘電體（SIMEF）來當作電子受體，透過這些物質製作出像無機太陽電池般分離p區域和n區域的構造，以達成高轉換效率。

重點 Check!
●有機太陽能電池中，因光觸媒的擴散長度短，可在界面發電
●使用電子受體和電子供體相互結合的有機異質構造

圖1　有機異質構造太陽能電池的內部構造的模式圖

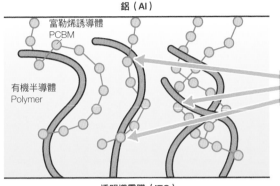

鋁（Al）

富勒烯誘導體
PCBM

有機半導體
Polymer

透明導電膜（ITO）

可以在 p 型 Polymer 和
n 型 PCBM 之間的界
面上形成 pn 接面

在有機異質構造太陽能電池（Bulk Heterojunction Solar Cell）中，在搭載了透明導電膜 ITO 的玻璃基板上，塗布電子受體（p 型）的有機半導體 Polymer 及電子供體（n 型）的富勒烯誘電體（PCBM）的混合物，把鋁當作背面電極搭載上去。經由光照射，在有機半導體產生光觸媒對，使 Polymer 和 PCBM 相互結合後在接觸界面的內藏電位差分離，最後 ITO 成為負極，鋁成為正極

圖2　舊有的有機異質接面型太陽能電池及 pin 型有機太陽電池

ⓐ 有機異質接面型
薄膜太陽能電池

| Al電極 |
| 緩衝材料 |
| 電子受體
電子供體 |
| 緩衝材料 |
| ITO 透明導電膜 |
| 玻璃基板 |

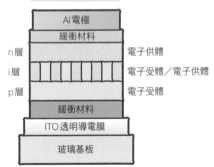

ⓑ pin 接面型
有機薄膜太陽電池

Al電極
緩衝材料
n 層　　　電子供體
i 層　　　電子受體／電子供體
p 層　　　電子受體
緩衝材料
ITO 透明導電膜
玻璃基板

（b）是近年開發的 pin 接面型太陽電池，依 n 層（低分子有機半導體）、i 層（pn 混合層）、p 層（富勒烯誘電體 SIMEF）的順序堆疊沉積。因 n 層、i 層、p 層各自分離，所以效率極高

054 以氧化鈦及色素產出電氣的 染料敏化太陽能電池

氧化鈦（TiO_2）是當作光觸媒使用的半導體。由於能隙是3.0～3.2eV，幾乎沒有吸收可視光，所以是無色透明的。不過，以這樣的狀態是沒辦法做成太陽電池的。因此，必須讓氧化鈦的表面吸著染料分子，使染料吸收可視光再使用生成的電子和電洞發電，就是**染料敏化太陽能電池**（Dye Sensitized Solar Cell，DSSC）。

圖1是表示1991年瑞士的Michael Grätzel所發明的染料敏化太陽能電池的構造。讓固定在透明電極的氧化鈦（TiO_2）微粒子吸取染料分子（釕的複合體）的電極（負極側）及白金（Pt）電極（正極側），皆浸漬到碘溶液中。一旦照射光，染料分子的電子會吸取光能源，進入TiO_2的傳導帶，另外，碘化物離子I^-供應（氧化）電子到染料而變成碘。碘從對極得到電子後還原變回I^-。因此在白金側會變為正極，氧化鈦側變為負極，且電流能夠流通。這就是染料敏化太陽能電池光起電力的原理。

染料敏化太陽能電池的轉換效率可達11.2%，在染料及氧化鈦的形狀上多下功夫，以更高效率為目標的研究正如火如荼地進行中。相關人士也研討了善用其低成本建設大規模太陽發電所的可能性。不過，因為它是濕式設備，會有溶液流出導致劣化等問題，而且當作染料使用的釕複合體的資源問題等，皆是尚待解決的課題。

染料敏化太陽能電池因為具備和蓄電池相同的構造，如圖2般，利用電解液中的離子，設置電荷蓄積電極帶來蓄電功能，製造能源儲存型染料敏化太陽能電池的研究也正在發展中。如此一來，應該會變得更符合「太陽電池」這個名稱吧。

重點 Check!
- ●染料敏化太陽能電池使用在染料分子內製作的光載子
- ●利用碘溶液的氧化還原電位差

圖1 染料敏化太陽能電池的構造及動作原理

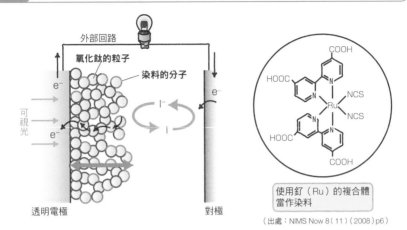

（出處：NIMS Now 8（11）（2008）p6）

使用釕（Ru）的複合體當作染料

一照射光，染料分子的電子會吸取光能源，進入染料激發態的分子軌道LUMO。LUMO的能階比氧化鈦傳導帶底部的能源大，因此電子會移往傳導帶，經過透明電極後流到外部回路。另一方面，殘留在染料分子軌道HOMO的電洞，會移往碘化物離子I⁻而成為碘。碘從對極得到電子後還原，變回I⁻。未接續外部回路時的開路電壓 V_{oc} 會變成n型側費米能階（氧化鈦的傳導帶底部）和p型側費米準位（碘的氧化還原電位：REDOX）的差（費米能階請參照第5章）

圖2 能源儲存型染料敏化太陽能電池的構造及動作原理

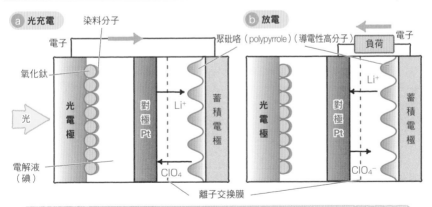

具蓄積功能的染料敏化太陽電池是由光電極、白金對極、離子交換膜、電荷蓄積電極構成。被光照射時，鋰離子流入電荷蓄積電極充電。放電時，鋰離子蓄積電極釋放，可以在和白金對極相隔的距離間取出電壓

COLUMN

數據資料訴說的太陽光發電真相③
太陽光發電有歷年變化嗎？

圖1是筆者測量的年度發電電力量及年度賣電電力量的歷年變化。發電量當初雖然有3700kWh，但2008年時僅有2800kWh，減少了高達24%。這個減少雖然沒辦法肯定也是太陽光發電模組本身的劣化造成，不過2009年清洗表面之後，2010年的發電量回復到3300kWh，因此推測主要是玻璃表面髒了才造成發電量減少。此外，賣電電力量從最初的1500 kWh降低至1030 kWh，減少了有31%，這部分認為是這15年當中家族成員構成的變化及家電產品增加造成。

圖1　筆者的太陽電池年度發電電力量及年度賣電電力量的歷年變化

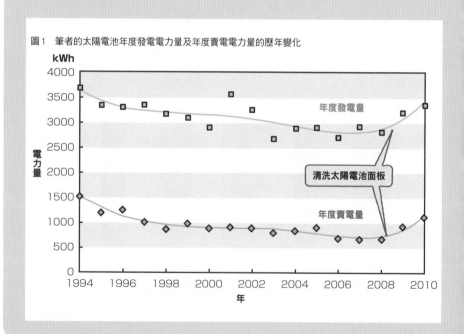

第 5 章

太陽電池的半導體入門
（上級篇）

目前為止的各章，皆把重點放在理解應用於
太陽電池的半導體物理或元件動作的概略。
本章將介紹理解太陽電池時所需要的半導體基礎，
為將來真心想要學習的人提供指標。

055 金屬的光電效應無法應用於太陽電池
要是不增加高電壓就無法取出光電流

　　以把光轉換成電氣著稱的**光電效應**（外部光電效應及內部光電效應）是被光學感應器使用。不過，在這個現象中卻無法從光取出能源。

金屬也具有光電效應

　　在圖1（a）中表示的光電管裡，用光照射真空中放置的金屬片（光電面），然後在陽極添加高電壓的話，只要光的能源超過金屬的工作函數，便會釋放出電子及流出電流。這個現象稱為**外部光電效應**，由於愛因斯坦找到光量子的實驗而廣為人知。使用此現象的高感度光學感應器，運用（b）表示的**光電子倍增管**，在岐阜縣飛驒市的神岡號上，把它應用於發現源自宇宙的高能源基本粒子。不過，由於光電子倍增管必須用高電壓引出光電子以及增加電子的數量，因此電源成為必要條件，也因而無法形成太陽電池。此外，外部光電效應並不局限於金屬，在半導體上同樣能夠產生。在光電面使用半導體的光電子倍增管也有在市面販售。

在半導體有內部光電效應

　　把光照射在半導體上，光子能源只要超越能隙，便能夠看見載子增加、電阻下降的**光導電現象**。這個現象因為和剛才敘述的外部光電效應有比較之意，因此稱為**內部光電效應**。如圖2所示般，它是應用於天色變暗時街燈自動點燈裝置的**光學開關**。不過，因為它只是電阻的變化，使用這個效果並不能取出能源。因為要取出能源，必須要有下一節論述的**光起電力效應**（Photo-Voltaor Effect）才行。

重點
Check!

●在金屬及半導體顯示出內‧外部光電效應，可形成光學感應器
●利用光電效應時需要電源，且無法取出能源

圖1　光電管及光電子倍增管

a 光電管

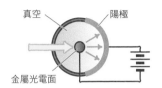

真空　陽極

金屬光電面

從光電面釋放出來的光電子會受到加印了高電壓的陽極吸引。光電面帶有正極電，一旦藉由電源供應而和電子中和的話，電流便可以流通。不過，若沒有外部電源輔助，是無法取出電流的

b 光電子倍增管

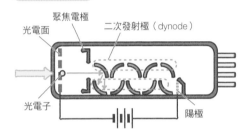

聚焦電極　二次發射極（dynode）

光電面

光電子　陽極

從光電面釋放出來的光電子會衝撞二次發射極（dynode），被釋放的二次電子因數段的二次發射極而出現如雪崩般的倍增，一旦到達陽極電流就會流通。不過，若沒有外部電源輔助，是無法取出電流的

圖2　使用光導電因子的街燈自動點燈裝置

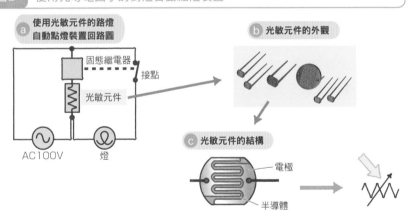

a 使用光敏元件的路燈自動點燈裝置回路圖

固態繼電器

接點

光敏元件

AC100V　燈

b 光敏元件的外觀

c 光敏元件的結構

電極

半導體

（a）是街燈自動點燈裝置的回路。光照射到光敏元件時，由於固態繼電器會開啟而使街燈的燈不會發亮，但到了夜晚光源消失後，固態繼電器便會關閉而點亮燈泡。

以（b）表示光敏元件的外觀。它的結構如（c）一般，是在硫化鎘（CdS）半導體（黃色）上裝載梳子形狀的電極（灰色），一旦有光照射，電極間的電阻就會下降，而電流的流通會變得容易

用語解說

工作函數（work function）→ 在自由空間中取出物質內的電子時所需要最小限度的能源。例如，鋁4.28eV、銅4.65eV、金5.1eV、白金5.65eV。射入光的光子能源若比工作函數變得大的話，電子就會飛進真空中。

在半導體單體中無法製造太陽電池
光起電力需要半導體的接面

在（*055*）當中已提到半導體雖然有光導電現象，卻無法引導出能源。在半導體上照射光的話，雖然會因吸收光而使載子增加，但要是沒有外部電源，載子是無法移動到電極位置的。只要使用pn接面的內藏電位差，即使沒有外部電源，依然可以分離用光製成的電子及電洞的載子，藉以產生光起電力。

詳細會在第6章的（*073*）說明，但是要瞭解該說明，必須先認識半導體電子的能帶結構（Band structure）。關於能帶的相關內容會在（*066*）以後詳細說明，此處僅敘述概略，只要知道能帶結構帶來的說明便利性即可。

如圖1的（a），若組合p型及n型的半導體做成pn接面二極體的話，在pn界面的空泛區會產生像（b）那樣的能源斜面。這就是內藏電位差。在這個二極體上照射光的話，電子會如箭頭般從價電子帶彈跳到傳導帶，會產生電子及電洞的配對組合（pair），因內藏電位差的斜面，使電子分離到n型那側、電洞分離到p型那側，且電流會在回路中流動。也就是說，在沒有外部電源的狀態下能夠產生電流。把這個現象稱為**光起電力效應**（Photo-Voltaor Effect）。

光起電力效應，如圖2所示，也能在金屬及半導體的**蕭基接面**產生。在半導體的部分照射光的話，會有光載子生成，透過接合界面附近存在於半導體側的內藏電位差，引起載子的分離，產生光起電力效應。使用光起電力效應的不只是太陽電池而已。光電二極管（photodiode）這種光學感應器，就是當作光纜通信的受光因子使用。此外，數位相機或Video攝錄影機中使用的影像感應受光部分，也是使用光起電力效應。

重點
Check!

●在半導體上照射光的話，會產生光載子的配對組合，透過接合界面中蘊含的內藏電位差分離，形成光起電力效應

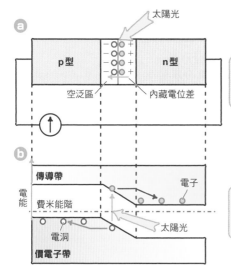

圖1 光照射到pn接面時的樣子

a

太陽光

p型 ｜ n型

空泛區 ｜ 內藏電位差

一旦做出p型半導體和n型半導體的接面，便會在pn界面附近產生不存在載子的範圍（空泛區），由於負極電荷會聚集在p型側，正極電荷會聚集在n型側，因此會形成內藏電位差

b

傳導帶

費米能階

電子

電能

電洞

太陽光

價電子帶

呼應（a）的電子能帶結構圖
空泛區的位置會有電能的斜面，使用光而生成的電子會降低斜面，而電洞會提升斜面，進而引起光觸媒分離

圖2 金屬及半導體的蕭基接面

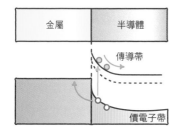

金屬 ｜ 半導體

傳導帶

價電子帶

一旦做出金屬和半導體的蕭基接面，在半導體中生成的光觸媒會因界面的電位傾斜分離，產生光起電力

光起電力也被應用在數位相機喔！

用語解說

蕭基接面 → 如同在純淨的矽表面上搭載鋁質薄膜時一般，金屬的工作函數一旦比半導體的工作函數大（Si的工作函數是4.05eV、Al是4.28eV），便會在界面產生電位的頂峰，出現整流性。把此現象稱為蕭基接面。

表示物質電流流通順暢度的是**導電率**，單位為S／cm（Siemens per centimeter）。導電率是表示電流流通困難度的**電阻率**（單位：Ω cm）的倒數。圖1是表示與各種物質有關的導電率和能隙。可看出有能隙越大導電率越低的傾向。

　　若觀察**金屬**的導電率，可得知銅（Cu）的導電率是6×10^5〔S／cm〕、鋁（Al）的導電率是4×10^5〔S／cm〕、水銀（Hg）的導電率是1×10^4〔S／cm〕。**絕緣體**（非導體）雖然是電流不會流通的物質，但並非完全無法流通，目前已知有比10^{-8}〔S／cm〕更小的導電率存在。另一方面，**半導體**的導電率，採用10^3〔S／cm〕導體所接近的值，到10^{-8}〔S／cm〕絕緣體所接近的值之間這樣大範圍的值。即便是以往被認為是絕緣體的鑽石，近年因雜質摻雜而變成可能帶有10^{-2}〔S／cm〕般大的導電率，現在已被認為能夠做成電晶體或LED等物品，被視為是半導體相關類別之一。因此，導電率的大小無法成為區別導體・半導體・絕緣體的基準。

　　金屬和半導體的差異，如圖2所示，並非是導電率本身，而是**導電率的溫度依存性**。如（a）一般，金屬隨著溫度上升，電阻率也會上升。換句話說，相對於導電率下降，（b）的半導體如同對數標度所表示般，當溫度上升的同時電阻率會跨越幾位數降低，也就是導電率會增大幾位數。金屬和半導體之間就有這樣的大差異。

　　此外，金屬的導電率是物質固有的東西，很難以人工方式改變。不過，半導體會運用雜質把傳導型變換為n型或p型，並且能在靠近金屬的位置到絕緣體之間這種大範圍控制導電率，這一點也是兩者差異當中半導體才有的特徵。

重點 Check!
●半導體擁有金屬和絕緣體之間的導電率，運用摻雜來變化
●金屬和半導體的電氣特性差異，在於導電率的溫度依存性差異

圖1 金屬‧半導體‧絕緣體的電氣特性（導電率‧電阻率）及能隙

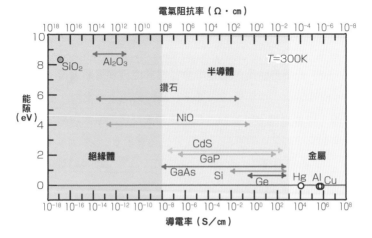

將具代表性的金屬、半導體、絕緣體的導電率以對數標度描繪出來的話，可知半導體的導電率具有橫跨絕緣體到金屬之大範圍的值。半導體和絕緣體的分界線不明確。半導體或絕緣體採用廣泛範圍的導電率，是因為透過摻雜雜質便能夠改變載子濃度。相對於此現象，水銀（Hg）、鋁（Al）、銅（Cu）等的金屬，由於能隙是零，因此其導電率具有物質固有的值

圖2 金屬和半導體的導電率之溫度依存性差異

a 金屬

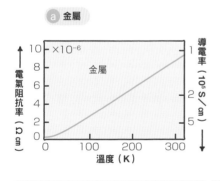

典型金屬鉀的電阻率之溫度變化圖表（直線標度）。可知從低溫到高溫幾乎是呈現直線增加。這是因為晶格（原子排列）因熱能振動而使載子散亂之故

b 半導體

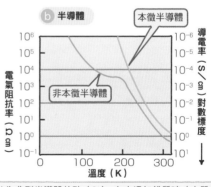

此為典型半導體的矽（Si），在未添加雜質時（本質）及添加了雜質時（非本徵）的電阻率溫度變化（半對數標度，semi-logarithmic scale）。本質的情況下，溫度若從200K上升到330K的話，電阻率會減少6位數之多。另一方面，非本徵的情況下，從80K到200K時，電阻率雖然是緩慢地減少，但200K之後會和本質的情況一樣急劇地減少

能隙決定的
半導體的電氣性質

在（*057*）中，已提到金屬的導電率會從極低溫到室溫的溫度上升中減少1位數左右。相對於此，半導體的導電率在相同的溫度範圍內，必須使用對數標度表示般，隨著溫度上升的同時會有跨越幾位數的增大現象。這樣的差異究竟是從何而來？如圖1的解說般，物質的導電率 σ〔S／cm〕會使用到電子的電荷 e〔C〕、載子濃度（carrier density）n〔cm^{-3}〕以及移動度 μ〔cm^2／Vs〕，可以用

$\sigma = ne\mu$ ………❶

表示。金屬導電率 σ 的溫度變化因為載子濃度 n 是固定的，因此是由移動度 μ 決定。由於金屬的原子所做成的晶格因熱而振盪導致載子紛亂，高溫中 μ 變小是此現象的原因。另一方面，半導體導電率急劇的溫度變化，是因為載子濃度 n 跨越了幾位數變化才造成。如同在（*062*）詳細地說明般，這是因為本質（單純的）半導體的載子濃度 n 相對於溫度 T〔K〕時，會以

$n = n_0 \exp(-E_g／2kT)$ ………❷

的形式變化為指數函數。此處的 n_0 是常數、E_g 是能隙的大小、k 是波爾茨曼常數。公式❷可以用價電子帶的電子在熱能狀態下超越能隙 E_g 後活躍於傳導帶的狀況說明。

溫度上升250℃的話，電子會增加42位數！

表1是表示在 $E_g = 1eV$、$n_0 = 10^{20}$〔cm^{-3}〕時，載子濃度 n 的溫度依存性。載子濃度在50K及室溫（300K）之間增加了42位數。

若描繪載子濃度 n 的常用對數對應溫度的倒數 $1／T$，將會形成如圖2般的直線。把這種描繪物理量常用對數對應溫度倒數的圖，稱為**阿瑞尼士圖**（Arrhenius plot）。能夠從此圖的傾斜度求出能隙。

重點 Check!
- ●導電率會和載子濃度及載子移動度的積成比例
- ●半導體導電率的溫度變化，是根據載子濃度的指數函數變化

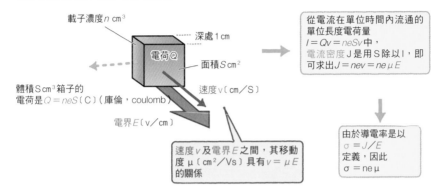

圖1 導電率由載子濃度和移動度表示

載子濃度 n cm³

深處 1 cm

電荷 Q

面積 S cm²

體積 S cm³ 箱子的
電荷是 $Q = neS$〔C〕（庫倫，coulomb）

速度 v〔cm/S〕

電界 E〔v/cm〕

速度 v 及電界 E 之間，其移動
度 μ〔cm²/Vs〕具有 $v = \mu E$
的關係

從電流在單位時間內流通的
單位長度電荷量，
$I = Qv = neSv$ 中，
電流密度 J 是用 S 除以 I，即
可求出 $J = nev = ne\mu E$

由於導電率是以
$\sigma = J / E$
定義，因此
$\sigma = ne\mu$

表1 本徵半導體的載子濃度之溫度依存性（當 $E_g = 1eV$、$n_0 = 10^{20}$〔cm⁻³〕時）

溫度T(K)	50	100	150	200	250	300(室溫)	350
n〔cm⁻³〕	4.4×10^{-31}	6.6×10^{-6}	1.6×10^{3}	2.6×10^{7}	8.5×10^{9}	4.0×10^{11}	6.4×10^{12}

圖2 表示載子濃度之溫度依存性的阿瑞尼士圖

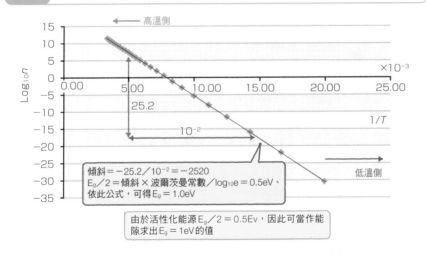

高溫側

$\times 10^{-3}$

$1/T$

25.2

10^{-2}

低溫側

傾斜 $= -25.2 / 10^{-2} = -2520$
$E_g / 2 = $ 傾斜 × 波爾茨曼常數 $/ \log_{10}e = 0.5eV$、
依此公式，可得 $E_g = 1.0eV$

由於活性化能源 $E_g / 2 = 0.5Ev$，因此可當作能
隙求出 $E_g = 1eV$ 的值

一旦採取公式②的常用對數，則 $\log_{10}n = \log_{10}n_0 - (E_g\log_{10}e / 2k)(1/T)$。把 $\log_{10}n$ 對應 $1/T$ 繪製成圖的話，則會形成直線

059

能隙決定的
半導體的光學性質

　　圖1是半導體的**能隙與光吸收**的關係。如（a）所示，射入光的光子能源（hv）只要比能隙（E_g）小，價電子帶的電子便無法移動到傳導帶，而使半導體沒有吸收光。相對於此現象，只要像（b）這樣hv比E_g變得更大的話，價電子帶的電子得到光的能源便會飛往傳導帶，而在價電子帶中留下電洞。

　　光的波長λ〔nm〕及光子能源hv〔eV〕之間，將光速視為c，便能夠成立

$$hv = hc / \lambda = 1239.8 / \lambda \cdots\cdots\cdots ❶$$

的關係式，可得知光的波長和能源會成反比。因此，射入光的波長若比與能隙相當之波長（光學吸收端的波長λg）短，便會變得不透光，而**半導體會塗上吸收之色彩的補色**。

　　圖2是幾種半導體之能隙和顏色的關係。硫化鋅（ZnS）的能隙是3.5eV，因此比光學吸收端的波長354nm還短的光會被吸收，比那長的波長則會全部穿透。因為這個緣故，可視光的全部波長皆可穿透，且是無色透明，而粉末是白色。硫化鎘（CdS），會吸收比$E_g = 2.6eV$相當之波長477nm波長更短的紫色和藍色，因此從紅色到綠色的波長會穿透而粉末是黃色。磷化鎵（CdS）會吸收比$E_g = 2.2eV$相當的564nm（綠）還短的波長，僅有黃色和紅色可穿透而粉末是橙色。硫化水銀（HgS）會吸收比$E_g = 2eV$相當的620nm（紅橘色）還短的波長，而粉末是紅色。因為砷化鎵（GaAs）的吸收端在826nm，可以吸收全部的可視光（380～780nm），但穿透光因為肉眼看不見，粉末顏色是黑色。

　　半導體的著色現象可以應用在顏料（畫具）方面。表1整理了具半導體性質的顏料，其顏色與能隙的關係。

重點
Check!

●超過半導體能隙的光子能源的光會被吸收
●半導體的顏色是被吸收的光的補色，可應用於顏料

圖1 半導體的能隙及光吸收

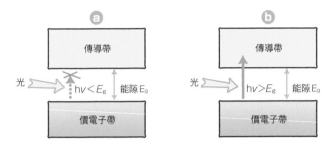

圖2 能隙及半導體的顏色

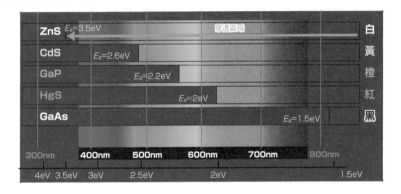

表1 使用半導體的畫具顏色

化學式	礦物名稱	畫具名稱	能隙（eV）	顏色
C	鑽石	—	5.4	無色
ZnO	紅鋅礦	鋅白（Zinc White）	3	無色
CdS	硫鎘礦	鎘黃（Cadmium Yellow）	2.6	黃色
$CdS_{1-x}Se_x$	—	鎘橙（Cadmium Orange）	2.3	橙色
HgS	硃砂	朱砂紅（Vermilion）	2	紅色
HgS	黑硃砂	—	1.6	黑色
Si	—	—	1.1	黑色
PdS	方鉛礦	—	0.4	黑色

060

有機物的分子軌道及半導體能帶構造的差異　以染料敏化太陽能電池為例

　　圖1是表示在（054）所介紹的**染料敏化太陽能電池**（Dye Sensitized Solar Cell，DSSC）中，由染料分子中的光激發製成之電子移動到半導體氧化鈦（TiO₂）的樣子。相對於因應染料分子電子軌道的能階使用如（a）的直線表示，半導體的電能則以能帶（b的四方形箱）表示。

　　染料分子（dye molecule），如（c）所示，具有配體包圍金屬離子（圖中是釕：Ru）周圍的**配合物**（complex）結構。且該配體是由碳（C）、氫（H）、氧（O）、氮（N）等所形成。此處是由金屬離子的電子軌道和配體離子的電子軌道混合製成分子軌道。這些電子軌道局部存在於分子內，因為沒有到過分子的外側，因此動能很小，以大量的狹窄能階（直線）表示。電子充塞的分子軌道當中，稱能源最高狀態的為「**HOMO**」，把空的分子軌道當中能源最低狀態的稱為「**LUMO**」。假如在此處照射具有分子激發態的光，則電子會從HOMO躍遷至LUMO。

　　相對於上述情況，在半導體的TiO₂，如（d）所示，分子會呈現規則排列，電子軌道因為不限定分子的位置而能擴展至結晶全體，且該能源會形成只有動能部分占據範圍的能帶。當中，被電子占據的能帶稱為**價電子帶**，沒有被占據的能帶稱為**傳導帶**，若各自以分子稱呼的話，則可對應為HOMO、LUMO。能帶和能帶之間稱為**能隙**（亦稱能帶隙）。由於TiO₂的能隙甚至高達4eV，雖然紫外線可以吸收，但可視光線全部會穿透，無法成為太陽電池。不過，藉由和染料組合，染料分子會吸收可視光，製造出電子及電洞，能夠把該電子帶往半導體的TiO₂傳導帶發電。

重點
Check!
●染料分子中電子形成之分子軌道的能源成為狹窄能階
●分子軌道的HOMO、LUMO會與半導體的價電子帶、傳導帶相對應

圖1 分子及半導體的能階差異

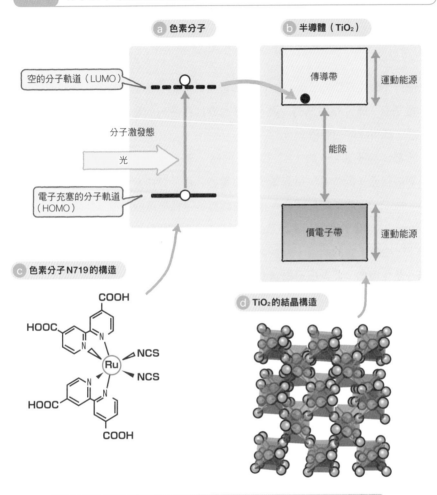

a 色素分子

b 半導體（TiO₂）

空的分子軌道（LUMO）

傳導帶

運動能源

分子激發態

光

能隙

電子充塞的分子軌道（HOMO）

價電子帶

運動能源

c 色素分子N719的構造

COOH

HOOC

N

N

NCS

Ru

NCS

HOOC

N

N

COOH

d TiO₂的結晶構造

在（a）的色素分子中，金屬離子和其周圍的有機物離子的電子軌道混合而形成分子軌道，可使用狹窄的能階表示其能源狀態。
在（b）的半導體結晶中，電子的能源僅以動能部分占據範圍的能帶表示

用語解說

分子軌道 → 分子是由複數的原子成立。分子當中的電子軌道，是由構成分子之原子的軌道（s，p，d等）聚集而形成。此稱為分子軌道。

061　原子聚集變成固態的話
便可以形成能帶

　　把矽（Si）的原子如圖1的（a）般散落地放置在真空中時，Si外層電子的 $3s$ 電子有2個、$3p$ 電子有2個。這樣孤立的原子內的電能，會如圖2的（a）一般，取得分散的數值。

　　若把Si原子如圖1的（b）般靠近的話，電子不會停留在原子內，而會擴展到鄰接原子的位置，引起電子軌道重疊。由於藉由此現象可取得動能，如圖2的（b），能階能形成具有寬幅的物質。這種能源擴展稱為**能帶**（Energy Bands）。能帶的寬幅，是表示由電子轉動之動能增加部分的尺度。在這個狀態下，由於上方的能帶（因為有6個軌道，表記為❻）部分是由2個 p 電子填滿，是金屬的。此狀態可對應Si的液態狀態。矽融液所表示的金屬傳導性普遍為人所知，若再加上磁場，則可當作停止融液活動的結晶增長技術使用。

　　更進一步地，若原子們如圖1的（c）般靠近的話，便會形成如圖3所示的 sp^3 混合軌道（由 $3s$ 軌道1個及3p軌道3個製成的共價鍵軌道）。鄰接原子的混合軌道們共價鍵，能帶會如同圖2的（c），分成由4個結合軌道組成的上方能帶及由4個反結合軌道組成下方能帶。結果，在上下2個能帶之間，會形成電子無法占據的能隙。Si原子具有的4個外層電子，由於能滿足能源較低的能帶，而使上方能帶變空。

　　即使在電界加速下能帶的電子會使能源變高，能隙依然會因為處於無電子狀態而無法使電流流通。因此，純粹的矽在 $T = 0$K 會成為絕緣體。

重點
Check!

●孤立的矽原子電子，具有分散的能階
●原子一旦聚集便會形成能帶，產生能隙

圖1 矽原子的分布狀態

ⓐ 孤立原子的狀態

ⓑ 原子們接近

ⓒ 凝縮成結晶狀態

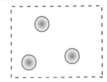

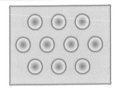

圖2 能階的變化

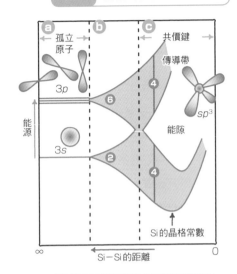

靠近矽原子們時的矽原子之 3s，3p 能階
變化的概念圖

圖3 利用原子的 s 軌道、p 軌道之線形結合，形成 sp^3 混成軌道

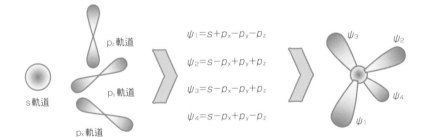

$$\psi_1 = s + p_x - p_y - p_z$$
$$\psi_2 = s - p_x + p_y + p_z$$
$$\psi_3 = s - p_x - p_y + p_z$$
$$\psi_4 = s - p_x + p_y - p_z$$

用語解說

電子軌道 → 電子一般被認為是環繞著原子核的周圍，實際上，電子是像雲一樣廣
泛地存在。量子力學記述了此電子雲的擴展方式，各自賦予主量子數 n、角量子數
l、磁量子數 m 等特徵。在球狀上，所有方向皆是相同分布的是 s 電子，在其中 1 處
以變細一般分布的是 p 電子，在 2 處變細分布的是 d 電子。

062 提供電子狀態躍遷規則的費米分布

在（058）中，已敘述溫度變高價電子帶的電子會因熱而飛過能隙進入傳導帶，電子的密度會遵循公式②增加好幾位數。此公式可以使用如下所述之電子的**費米分布**說明。

圖1的（a）表示在價電子帶及傳導帶的各能帶中，電子可以填滿的「座位」（態位密度：每單位能源的態位數）。所謂的費米分布以「帶有能源E的電子該如何坐下才合適？」的坐位規則，可得到以下公式。

$$f_F(E) = 1 / \{1 + \exp((E-E_F)/kT)\}\cdots\cdots❶$$

在此，E_F代表**費米能階**（Fermi level）。在絕對零度中，公式❶會形成圖1（b）的紅色虛線所表示的階段函數（step function）。E若是在費米能階E_F以下的話便能夠填補，若是E_F以上則無法填補而呈現空位狀態。這個結果如同顯示於（c）的**占有態位密度**（態位密度（density of state）$N(E)$與分布函數（Fermi distribution）$f(E)$之積（convolution））般，電子會佈滿價電子帶，卻在傳導帶中形成空位。

溫度若從絕對零度上升的話，公式❶會像圖2（b）的紅色虛線般轉變成緩和的曲線。然後如（c）一般，電子變得可以躍遷至傳導帶，同時看見價電子帶中有電子的空位（電洞）。

以上的變化可以用「電子得到熱能後從價電子帶躍遷至傳導帶」表現。附帶一提，熱能約略的大小是由kT賦予，而室溫（298k）的熱能約會成為25meV。相對於此結果，由於能隙是1eV程度，$E_g/2kT$會變成20前後，而（058）公式②的$\exp(-E_g/2kT)$的值會變成非常小。因此，本徵半導體在室溫下的載子濃度n會變得非常低。

重點 Check!
- 在費米分布這項規則下，絕對零度中，傳導帶裡沒有電子存在
- 溫度一上升，傳導帶中會產生電子，價電子帶中會出現電洞

圖1 在絕對零度（T＝0K）的電子躍遷規則及實際躍遷狀況

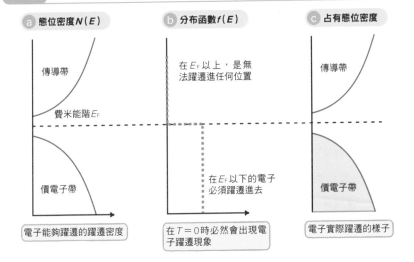

ⓐ 態位密度 N(E)

傳導帶

費米能階 E_F

價電子帶

電子能夠躍遷的躍遷密度

ⓑ 分布函數 f(E)

在 E_F 以上，是無法躍遷進任何位置

在 E_F 以下的電子必須躍遷進去

在 T＝0 時必然會出現電子躍遷現象

ⓒ 占有態位密度

傳導帶

價電子帶

電子實際躍遷的樣子

圖2 溫度上升情況下的電子躍遷規則及實際躍遷狀況的變化

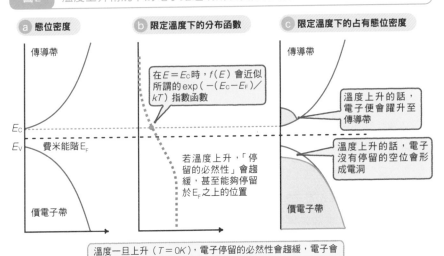

ⓐ 態位密度

傳導帶

E_c
E_v 費米能階 E_F

價電子帶

ⓑ 限定溫度下的分布函數

在 $E＝E_c$ 時，$f(E)$ 會近似所謂的 $\exp(-(E_c-E_F)/kT)$ 指數函數

若溫度上升，「停留的必然性」會趨緩，甚至能夠停留於 E_F 之上的位置

ⓒ 限定溫度下的占有態位密度

傳導帶

溫度上升的話，電子便會躍升至傳導帶

溫度上升的話，電子沒有停留的空位會形成電洞

價電子帶

溫度一旦上升（T＝0K），電子停留的必然性會趨緩，電子會躍遷至傳導體，而價電子帶會出現空位

用語解說

在能帶端費米分布函數近似指數函數的理由

設定 $E＝E_c$（傳導帶底層）的話，費米分布公式 ❶ 分母的指數函數由於和 1 相比會變大，因此公式 ❶ 會近似 $f_F(E) \approx \exp(-(E_c-E_F)/kT)$ 的指數函數。在本徵半導體中，費米能階 E_F 會往能隙中央靠近，因此會成為 $E_c-E_F＝(E_c-E_v)/2＝E_g/2$。

063

雜質摻雜①
n型半導體及施體能階

非本徵半導體

由於本徵半導體在室溫下沒有搬運電氣的載子,因此無法製造出半導體元件。在此,把構成半導體的原子用價數不同的雜質替換,藉以導入載子。將這種情況的半導體稱作**非本徵半導體**(extrinsic semiconductor)。

n型半導體及施體能階(donor level)

非本徵半導體當中,以電子當作主要載子的稱為n型半導體。在n型矽半導體中,如圖1的(a)所示,會添加Ⅴ族(磷P、砷As等)雜質。由於置換了矽的Ⅴ族原子和矽相比時電荷會多出1個,因此那個位置看起來會像帶有1個正極電荷。Ⅴ族原子的5個電子當中,扣除應用在鏈結的4個外,還有1個電子會被P位置上多餘的正極電荷以庫倫力微弱地束縛住,圍繞著類似氫原子的波爾模型(Bohr model)的軌道轉。可整理出此束縛能(binding energy)E_d有以下關係式。

$$E_d = m_e{}^* e^4 / 2(4\pi\varepsilon_r\varepsilon_0)2\hbar^2 = (m_e{}^*/m)(1/\varepsilon_r{}^2)E_H \cdots\cdots\cdots ❶$$

此處的E_H是氫原子的束縛能(13.6eV)。若使用矽的等效質量$m_e{}^*/m = 0.33$及比誘電率$\varepsilon_r = 11.9$的話,矽當中施體的束縛能會是$E_d = 0.032\text{eV} = 32\text{meV}$。此束縛能在能帶圖中會像(b)一樣,僅有$E_d$會從傳導帶底部在低能源位置製作施體能階。若溫度上升,如(c)所示,電子會從施體解放,進而擴散到結晶全體。把這個現象對應成能帶圖,則會出現類似(d)的樣子。

以上計算所呈現的是理想狀態下施體的束縛能,不過,實際狀態下的雜質會有各種個性,可能會有像圖2磷(P)那樣E_d是100meV以下的淺能階(shallow level),也有像鉻(Cr)那種達到400meV的深能階(deep level)。

重點
Check!

●一旦在半導體摻雜雜質,便能夠製造出雜質能階(impurity level)
●雜質能階表示使用等效質量和誘電率的氫狀能源

圖1　被施體束縛之電子的能階以及因熱能而被施體釋放之電子的狀態

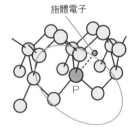

a 施體電子被 P 原子束縛

施體電子

P

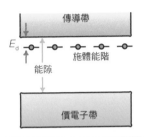

b 電子占據施體能階狀態的能帶圖

傳導帶

E_d　　施體能階

能隙

價電子帶

c 電子接收熱能而從施體解放成為傳導電子

d 表示施體電子因熱解開束縛並分布至傳導帶的能帶圖

傳導帶

(+)　(+)　(+)　(+)

價電子帶

圖2　各種雜質的施體能階 E_d（單位：meV ＝ 0.001eV）

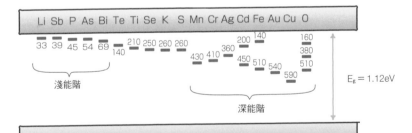

Li Sb P As Bi Te Ti Se K S Mn Cr Ag Cd Fe Au Cu O

33 39 45 54 69 — 140 210 250 260 260 430 410 360 450 510 540 590 200 140 160 380 510

淺能階

深能階

$E_g = 1.12eV$

由於室溫的熱能大致是 25meV，因此 P、As 等束縛能在 100meV 程度以下的淺能階會當作施體運行，Cr、Cu、Fe 等會在超過 200meV 的深能階，因為一旦電洞被捉住便不會因熱釋放，導致形成陷阱（捕捉中心，trap）

064

雜質摻雜②
非本徵半導體載子濃度的溫度變化

在（058）中，已敘述過本徵半導體的載子濃度是把 $E_g / 2$ 當作活性化能源，作成活性型的溫度變化，將其繪製成阿瑞尼士圖的話會出現直線。那麼，摻雜了雜質的非本徵半導體情況又會什麼樣？圖1是n型半導體中電子濃度 N 的阿瑞尼士圖。因為圖1的橫軸是 $1/T$，請注意越往右側的低溫情況。

一般來說，半導體同時含有施體和受體。當施體濃度 N_d 比受體濃度 N_a 大時，受體會被施體的電子填補（將此稱為**補償**），因此 $N_d - N_a$ 會成為實質的施體濃度。本單元將說明 $N_d - N_a$ 比 $10^{15}\,\mathrm{cm}^{-3}$ 還少的情況（圖中最下方的曲線）。

在**低溫區域**中，如同在右側能帶圖的❶所看見般，電子會從施體能階因熱釋放而進入傳導帶，因此可用 $\exp(-E_d / kT)$ 指數函數型的溫度變化表示。E_d 是施體能階的束縛能。由於失去電子的施體會在正極帶電，因此該區域也被稱為**離子化區域**（ionization region）。

在**中溫區域**中，電子從施體釋放出來，直到無法再供給電子到傳導帶，無法看出電子濃度的溫度變化。把該區域稱作**飽和區域**（圖的❷）。此外，$N_d - N_a$ 一旦達到 $10^{17}\,\mathrm{cm}^{-3}$ 的高雜質濃度，就會看不見飽和區域。

在**高溫區域**中，被價電子帶的電子或受體捕捉的電子會因熱而躍遷進傳導帶，進而形成和本徵半導體單元中相同之 $\exp(-E_g / 2kT)$ 指數函數型的溫度依存性（圖的❸）。將此區域稱為**本徵區**（亦稱本徵區域，intrinsic region）。

重點 Check!

●n型半導體的情況下，低溫的電子濃度會因施體電子的熱解放
●在高溫狀態，電子濃度經過飽和區域達到本徵半導體區域（本徵區）

圖1 在非本徵半導體中，載子濃度的溫度依存性3區域

a 載子濃度的阿瑞尼士圖

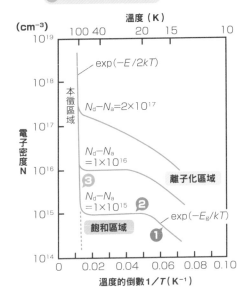

b 各區域的能帶圖

❶ 低溫區域：離子化區域

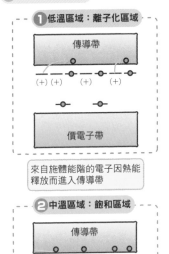

來自施體能階的電子因熱能釋放而進入傳導帶

❷ 中溫區域：飽和區域

在中溫區域，施體能階全部釋出而離子化

❸ 高溫區域：本徵區域

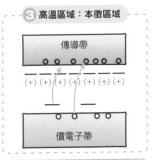

在高溫區域，來自受體或價電子帶的電子會越過能際激發，因此會形成和本徵半導體相同的狀態

在①的低溫區域中，電子會從施體能階因熱釋放而進入傳導帶，因此可用 $\exp(-E_d/kT)$ 指數函數型的溫度變化表示（Ed 是施體能階的束縛能）。由於失去電子的施體會在正極帶電，因此該區域也被稱作離子化區域。

在②的中溫區域中，電子會從施體釋放出來，直到無法再供給電子到傳導帶，無法看出電子濃度的溫度變化。該區域稱為飽和區域。

在③的高溫區域中，被價電子帶的電子或受體捕捉的電子會因熱而躍遷進傳導帶，表現出和本徵半導體相同之 $\exp(-E_g/2kT)$ 指數函數型的溫度依存性。將此稱為本徵區。

065

雜質摻雜③
p型半導體的電洞及受體能階

　　目前為止已說明了非本徵半導體當中的n型半導體。本單元將依循圖1說明摻雜3價的雜質形成p型半導體的構造機制。

　　❶硼（B）等3價原子在原子核中帶有3個正極電荷，最外層電子是3個。因此，鏈結鍵只有3隻。

　　❷若把硼原子置換到矽的位置，因共價鍵需要4價的電子，要是不從周圍借1個電子便無法穩定。結果會在結晶上留下電洞。矽原子核帶有4個正極電荷，但因為有4個的最外層電子，矽結晶會呈現出電氣中性。若在矽的位置置換成只有3個正極電荷的硼，簡直就像是在硼的位置上有1個負極電荷在游移般，抓住1個電洞後形成了像氫原子的波爾模型那樣的電子軌道。

　　❸用能帶圖表示的話，只有束縛能 E_a 會在比價電子帶頂部還高的能源位置上形成狹窄的**受體能階**（acceptor level）。

　　❹一旦溫度上升，價電子帶的電子會因熱而躍遷至受體能階，並在價電子帶殘留電洞。若從其他角度觀察，也能夠解釋為電洞從受體能階釋放後供應到價電子帶。

　　價電子帶的等效質量若和傳導帶的電子相比會比較重，因此已知受體能階的束縛能會比施體的束縛能大，且硼會達到45meV這樣的值、鋁（Al）是69meV、砷（Ga）是72meV、銦（In）是160meV。這些都是淺能階，而鈉（Na）會製造350meV、鋇（Ba）會製造430meV那樣的深能階，並形成電洞陷阱（Hole trap）[注]。

●假如在矽上添加硼，便會從周圍借用電子而殘留電洞
●外表是負極的電荷會束縛電洞製造受體能階

注：一旦電洞被捉住便不會因熱而釋放，這現象稱作陷阱（捕捉中心，trap）

圖1 利用摻入硼雜質形成受體能階的機制

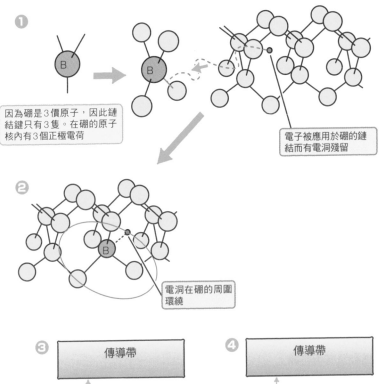

❶

因為硼是3價原子，因此鏈結鍵只有3隻。在硼的原子核內有3個正極電荷

電子被應用於硼的鏈結而有電洞殘留

❷

電洞在硼的周圍環繞

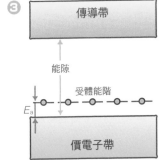

❸ 傳導帶

能隙

受體能階

E_a

價電子帶

電洞被受體陷阻的能階，只有 E_a 會在比價電子帶更高能源的位置形成

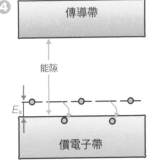

❹ 傳導帶

能隙

E_a

價電子帶

一旦溫度上升，電洞會從受體能階釋放，並供應到價電子帶

認識間接遷移①
回憶起運動量守恆定律吧

在第4章的（ _047_ ）當中，已敘述過「矽因為是間接遷移型，光吸收係數弱；砷化鎵（GaAs）因為是直接遷移型，光吸收係數強」，以及「關於直接遷移‧間接遷移等，會在第5章詳細說明」。

想要瞭解**直接遷移**和**間接遷移**的差異，就必須思考作為波**的電子運動量守恆定律**。

什麼是波的運動量？

在量子力學中，波長 λ 的波的運動量 p 可由 $p = h / λ$ 計算。波長越短運動量越大；反之，波長越長運動量越小。此處的 h 是蒲朗克常數（Planck constant）。

例如，電子具有矽的單位晶胞長度（晶格常數 5.43Å）波長的運動量，是 $p = 6.63 \times 10^{-27}$〔erg·s〕$/ 5.43 \times 10^{-8}$〔cm〕$= 1.22 \times 10^{-19}$〔g·cm·s^{-1}〕，而光的波長 543nm ＝ 5430Å（綠色）的運動量是 1.22×10^{-22}〔g·cm·s^{-1}〕，它只有上述電子波運動量的 1／1000。

何謂運動量守恆定律？

讓我們從以下的力學問題來思考吧！「質量 m 的球1，在沒有摩擦的地板上以速度 v 朝 x 方向進行等速運動。當這個球撞擊到靜止狀態質量 m 的球2時，球1的速度 v_1 和球2的速度 v_2 會變成什麼模樣呢？」這個問題若由**能量守恆定律**計算，會是 $(1/2)mv^2 = (1/2)m(v_1^2 + v_2^2)$；由**運動量（質量和速度的乘積）守恆定律**計算，會是 $mv = mv_1 + mv_2$。因此，計算結果會是 $v_2 = v$、$v_1 = 0$，也就是說，球1會靜止，而球2會以球1原本的速度 v 進行等速運動。由此可知，在思考衝突的問題時，運動量守恆是很重要的原則。價電子帶的電子因光而移動到傳導帶的情況也一樣，必須符合運動量守恆定律才行。

重點 Check!
●電子波的運動量，和波長的倒數成比例
●電子波的運動量，遠比光的運動量大

圖1 電子的波的運動量

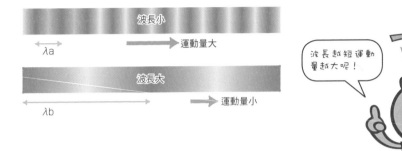

波長小

→ 運動量大

λa

波長大

→ 運動量小

λb

波長越短運動量越大呢！

根據量子力學，電子波或光波的運動量，是波長的倒數乘上蒲朗克常數h後計算出來的結果。例如，電子具有矽的單位晶胞長度（晶格常數5.43Å）波長的運動量是 $p = 6.63 \times 10^{-27}$〔erg・s〕$/ 5.43 \times 10^{-8}$〔cm〕$= 1.22 \times 10^{-19}$〔gcms^{-1}〕，光波長5430Å（綠色）的運動量是 1.22×10^{-22}〔gcms^{-1}〕，其僅是上述電子波的 $1/1000$

圖2 在力學的衝突問題方面的運動量守恆定律

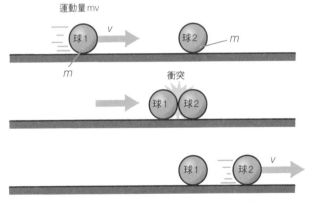

運動量mv

球1　　　　　球2　m

v

m

衝突

球1 球2

球1　　　球2

v

運動量mv

在沒有摩擦的地板上，有具同等質量的球1和球2。球1以速度v進行運動，並衝撞靜止狀態的球2。球1開始的運動量是mv，撞擊球2後運動量變成0，而球2取得其原本的運動量mv。這個現象叫做運動量守恆定律

067

認識間接遷移②
考慮自由電子的波數

　　以考慮半導體中的電子狀態為出發點，當作是圖1那樣的平面波來操縱自由電子。一般來說，波的重要參數是**波長** λ。在（066）當中，已敘述過運動量可由h／λ求出，但是在半導體的世界中，因為特別著重波長，所以會使用波長的倒數再乘以2π的k＝2π／λ計算。這個k叫作**波數**（wavenumber），用以表示單位長度中可能有數個波存在。

　　圖1，檢測1nm長度中所包含的波。（a）的波長是（1／16）nm，所以 $k = 2\pi \times 16 \times 10^9 \mathrm{m}^{-1} \approx 10^{11} \mathrm{m}^{-1}$；（b）的波長因為是（1／8）nm，故 $k \approx 5 \times 10^{10} \mathrm{m}^{-1}$；（c）的波長有（1／2）nm，所以 $k = 1.25 \times 10^{10} \mathrm{m}^{-1}$。可知波長短的時候在單位長度中會有大量的波進入，因此波數k會變大；相反地，若波長變長，波數k就會變小。由此可推測波數k是空間中的頻率。

自由電子的動能是？

　　以速度 v 運動之質量 m 粒子的動能 E 可以使用 $E = （1／2）mv^2$ 表示，若改以運動量 $p = mv$ 表示的話，則 $E = （p^2／2m）$。

　　波的運動量能夠用 $p = h／\lambda$ 表示，因此能改寫為 $p = （h／2\pi）（2\pi／\lambda）$ $= \hbar k$。此處的ℏ是用2π除以蒲朗克常數 h 的物理常數。因此，自由電子的能源作為波數的函數可以寫為：

$$E = \frac{\hbar^2 k^2}{2m} \cdots\cdots\cdots ❶$$

能量分散曲線以波數 k 的2次函數表示。

　　把公式❸圖示化則為圖2。像這樣用波數表示橫軸的方法稱為「**在 k 空間的表示法**」或「**運動量空間中的表示法**」。

重點
Check!

●波數k是進入單位長度中波數量的2π倍，相當於空間頻率
●自由電子的能量分散曲線能夠以波數k的2次函數表示

圖1 自由電子的波函數波長和波數的關係

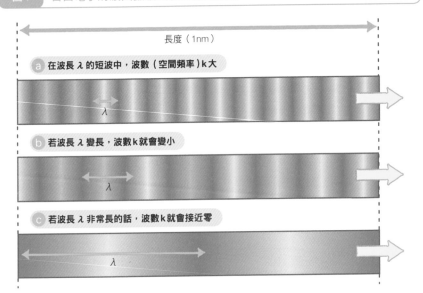

長度（1nm）

a 在波長 λ 的短波中，波數（空間頻率）k 大

λ

b 若波長 λ 變長，波數 k 就會變小

λ

c 若波長 λ 非常長的話，波數 k 就會接近零

λ

圖2 自由電子的能量分散曲線（k 依存性）

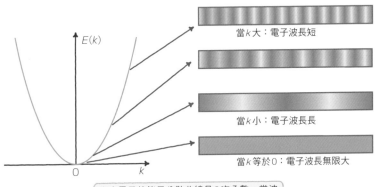

$E(k)$

當 k 大：電子波長短

當 k 小：電子波長長

當 k 等於0：電子波長無限大

0   k

自由電子的能量分散曲線是2次函數。當波在空間中越稀疏能量就會越高

068

認識間接遷移③
考慮週期性位勢中的電子波

具備週期性位勢（periodic potential）的電子波

晶體內電子的波和自由電子的平面波，樣貌有極大不同。這是因為各原子的位置上有正極電荷，所以會被帶負極電荷的電子強烈吸引。若把和原子核中心之間的距離視為 r，則電荷數 Z 原子附近的位能（potential energy）可以用 $-Ze^2/r$ 表示。由於原子具備晶格常數（lattice constant）a 的週期，因此會如 圖1 般呈現規則排列，而位能也會出現週期性。在這種週期性位勢的情況下，電子的波並非是單純的平面波，其振幅會依帶有晶格（crystal lattice）週期的週期函數而形成平面波（布洛赫波，Bloch wave）。

因電子的波干涉，在駐波腹部位置上會產生2種能隙

在晶體中，因週期性位勢散射，導致電子的波互相干涉而形成複雜的電子波，當電子波的波長成為等同晶格常數的整數倍時，就會出現**駐波**（standing wave）。如 圖2 所示，有駐波的腹部（電子濃度高的部分）在原子上方的情況，以及在原子和原子之間的情形。假如沒有原子核的正極電荷，這2個駐波會帶有相同的能量，但因為有正極電荷存在，駐波的腹部在原子上方比起在原子間能源會變得更低，且能隙會敞開。

把橫軸設定為波數的能帶圖會和自由電子的情況不同，它會變成波數的多價函數。此外，沿著波數軸，即使只偏移倒晶格（reciprocal lattice）的單位晶格 $a^* = 2\pi/a$，分散關係仍會相同，因此僅以最小單位〔$-a^*/2$，$a^*/2$〕的區間（第1布里淵區，Brillouin Zone）表示。由於 $k = a^*/2$ 被改寫為 $2\pi/\lambda = \pi/a$，因此若在真實空間表示的話，可對應成 $a = \lambda/2$，代表半波長和晶格間隔呈現一致。

重點 Check!
● 晶體內的電子波，可利用以晶格的週期函數變換調性的平面波表示
● 僅偏離倒晶格的能量分散曲線會相互作用形成能帶

圖1　週期性原子排列及電子接受的位能

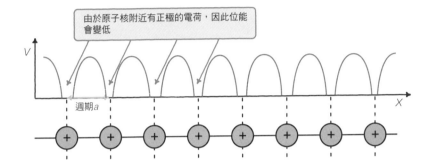

由於原子核附近有正極的電荷，因此位能會變低

V

週期a

X

圖2　週期性位勢和能隙的關係

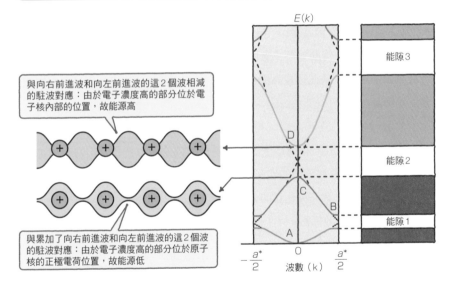

與向右前進波和向左前進波的這2個波相減的駐波對應：由於電子濃度高的部分位於電子核內部的位置，故能源高

與累加了向右前進波和向左前進波的這2個波的駐波對應：由於電子濃度高的部分位於原子核的正極電荷位置，故能源低

$E(k)$

能隙3

能隙2

能隙1

D

C

B

A

$-\dfrac{a^*}{2}$　0　$\dfrac{a^*}{2}$

波數（k）

若考慮週期性位勢，可形成因電子波重疊的駐波，能隙會開啟

a*表示倒晶格的單位晶格長。a* ＝ 2π/a

用語解說

位能（亦稱「勢能」，potential energy）→ 儲存於由庫倫力或重力等形成之物理系統內的一種能量。

069

認識間接遷移④
半導體的光吸收

　　圖1是（a）矽、（b）GaAs對應k的能帶圖。圖中，價電子帶頂端的 E_V，矽和GaAs都在 $k = 0$ 的位置；而傳導帶底部的 E_c，矽是在 $k = a^*/2$（倒晶格的 $1/2$）的位置、GaAs則是 $k = 0$ 的位置。

　　如矽一般，當傳導帶底部和價電子帶頂端的 k 空間位置不同時，電子無法在吸收光之後跳躍能帶間。這是因為光波長在 $\lambda = 600$nm 時，波數 $k = 2\pi/\lambda$ 約達到 10^7m^{-1} 程度。另一方面，電子的波數 k 因為是倒晶格的 $1/2$，因此具有 $k = \pi/a \sim 10^{10}\text{m}^{-1}$ 程度的值。如此一來，光的波數約比電子的波數小了有3位數之多。運動量因為是 $p = \hbar k$，因此運動量守恆亦不會成立。

　　因此，矽方面會借助聲子（晶格振動的量子，phonon）的力量才終於能進行能帶間的遷移。稱此現象為**間接遷移**，而這種類型的半導體則稱為**間接遷移型半導體**。

　　由於間接遷移的光吸收弱，在太陽電池方面需要厚實的材料。此外，像GaAs那樣傳導帶底部和價電子帶頂端處於相同波數位置時，因符合運動量守恆定律，所以價電子帶的電子吸收光後可以**直接遷移**至傳導帶。這就是（*047*）圖2表示之矽和砷化鎵的光吸收強度差異之原因。

　　直接遷移的光吸收係數 $a(E)$ 用以下公式表示，

$$a(E) = A(\hbar\omega - E_g)^{1/2}/\hbar\omega$$

如圖3（a）一般，在 E_g 的上升相當急促。另一方面，間接遷移的光吸收係數 $a(E)$ 以

$$a(E) = B(\hbar\omega - E_g)^2/\hbar\omega$$

表示，會像（b）一樣緩慢地上升。

重點
Check!
- ●價電子帶頂端和傳導帶底部的波數不同時，會形成間接遷移
- ●在間接遷移中，需借助聲子力量來維持運動量

圖1 以電子的波數 k 作為橫軸所繪製之矽和 GaAs 的能帶圖

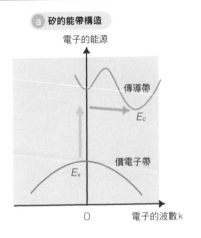

ⓐ **矽的能帶構造**

電子的能源

傳導帶

E_c

價電子帶

E_v

O 電子的波數 k

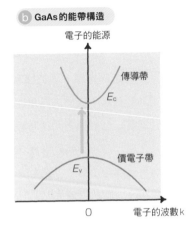

ⓑ **GaAs 的能帶構造**

電子的能源

傳導帶

E_c

價電子帶

E_v

O 電子的波數 k

圖2 間接遷移的機制

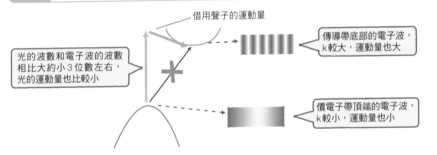

借用聲子的運動量

光的波數和電子波的波數相比大約小 3 位數左右，光的運動量也比較小

傳導帶底部的電子波，k 較大，運動量也大

價電子帶頂端的電子波，k 較小，運動量也小

圖3 直接遷移型半導體及間接遷移型半導體的光吸收係數上升之差異

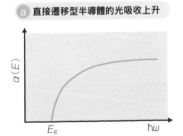

ⓐ **直接遷移型半導體的光吸收上升**

$\alpha(E)$

E_g $\hbar\omega$

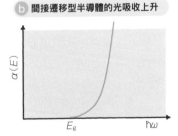

ⓑ **間接遷移型半導體的光吸收上升**

$\alpha(E)$

E_g $\hbar\omega$

070

矽明明不是金屬
為什麼帶有金屬的光澤呢

　　矽本身帶有**金屬光澤**，因為經常會反射光，因此會妨礙太陽光進入矽，導致太陽電池的效率不佳。由於這個原因，如同第 2 章的（*024*）中所論述般，通常會採取防止反射的表面塗層等方式因應。

　　什麼是金屬光澤呢？就是研磨時會像鏡子一樣反射光的一種性質。正因為金屬當中有大量的自由電子，藉由光（電磁波）的電界成分引起集團性振動，產生和電界相反方向的電氣分極，而光無法進入當中，則是因為它的高反射率。

　　由於矽不是金屬，應該幾乎沒有自由電子才對。儘管如此，為什麼矽會顯示出金屬光澤呢？若先從結論談起，矽的高反射率是因為折射率（index of refraction）大造成的。

　　根據光學理論，垂直射入的反射率 R，可使用折射率 n 和消光係數 K（Kappa）的公式：

$$R = \{(n-1)2 + K^2\} / \{(n+1)^2 + K^2\} \times 100\% \cdots\cdots\cdots ❶$$

求出。所謂的消光係數（extinction coefficient），是表示光吸收的光學常數。表 1 是矽的折射率 n、消光係數 K、反射率 R 等對應光子能源 E 的內容。由此，矽對於可視光領域的波長具有 35% 以上的高反射率，因此，能判斷其金屬光澤的原因是來自於高折射率。太陽電池方面，如（*024*）中所述，整合折射率來抑制反射的話，可以提升效率。

　　那麼，為什麼矽的折射率這麼高呢？折射率和誘電率有關，折射率的 2 次方會成為誘電率。此外，誘電率如圖 2 所示般，具有和能隙 E_g 2 次方的倒數成正比的成分。因此，能隙小的矽和能隙大的半導體（ZnO 等）相比，會得到高折射率。

重點 Check!
●矽的金屬光澤並非來自自由電子，而是高折射率引起
●半導體的折射率，有能隙越小會變得越大的傾向

圖1　矽的晶錠

矽明明不是金屬，研磨後卻會閃閃發亮

表1　矽的光學常數 n、K 及反射率 R

E (eV)	λ (nm)	n	K	R (%)
1	1239.8	3.52	0	31.1
1.5	826.5	3.673	0.005	32.7
2	619.9	3.906	0.022	35.1
2.5	495.9	4.32	0.073	39.0
3	413.3	5.222	0.264	46.1
3.5	354.2	5.61	3.014	57.5
4	310.0	5.01	3.58	59.0

圖2　半導體的光學誘電率及能隙的關係

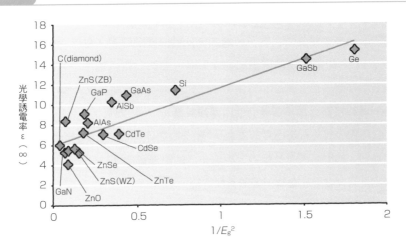

071 半導體的電子
真的比自由電子還輕嗎？

什麼是等效質量？

在半導體的電子（電荷 e）中增加電界 F 時，速度 v 會變成多少呢？電界中的力以 eF 表示，把電子變散亂為止的時間設定成 τ 時，電子到散亂為止會以 $eF\tau$ 這般大的脈衝（impulse）運作。這個脈衝會等於電子受到的增加運動量，因此把半導體中的電子質量設定為 m^* 的話，會變為 $m^*v = eF\tau$，而速度會成為 $v = eF\tau / m^*$。電子移動度因為是速度和電界的比，故可表示成 $\mu = v/F = e\tau / m^*$。這個 m^* 叫作**等效質量**（effective mass）。

半導體電子的等效質量比自由電子輕了多少？

若測量電子移動度，可知 m^* 會比自由電子的質量小非常多。表 1 整理了多種半導體在電子和電洞的等效質量以及自由電子的質量比。假如只限定在電子的話，矽的等效質量是自由電子的 0.32 倍，但砷化鎵卻竟然只有 0.067 倍。半導體的電子增加了電界時，應該會形成比自由電子大許多的速度。

半導體載子的等效質量為什麼這麼輕？

為什麼在半導體當中，電子和電洞會比自由電子輕呢？在圖 1 的能量分散圖中，A、D 的附近因呈現出拋物線形狀，應該和自由電子一樣用 k 的 2 次函數表示才對，但它卻又和自由電子時的拋物線有明顯差異。為了表示這項差異，便取代自由電子質量而使用**等效質量** m^*，把能量用 $E = \hbar k^2 / 2m^*$ 表示。從這個公式可以導出等效質量 m^* 和分散曲線 $E(k)$ 曲率的倒數成比例。假如比較 A 的附近和 D 的附近，可看出 D 的附近彎曲比較急劇，也就是說，因為它具有大曲率才會導致等效質量變輕。

重點
Check!

●半導體中的電子或電洞的質量比自由電子輕得多
●等效質量和能帶分散曲線的 k 空間的曲率倒數成比例

表1　半導體的等效質量及自由電子質量的比

	半導體	矽	鍺	砷化鎵	銦
等效質量	電子	0.32	0.22	0.067	0.0765
	重電洞※	0.537	0.34	0.50	0.58
	輕電洞※	0.153	0043	0.080	0.12

參考：日本物理學會編《物理資料事典》（朝倉書店、2006）及其他

圖1　在第1布里淵區的能帶構造

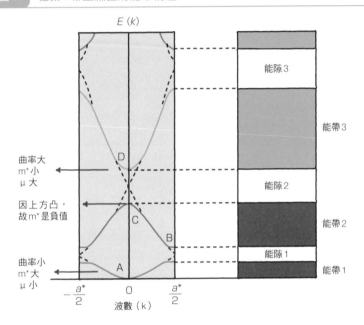

半導體載子的等效質量，會和電子的能帶對應電子的波數k所繪製的「分散曲線」之曲率（對於k的2次微積分）的倒數成比例。比起A點，推測B點、D點附近的曲率反而更大且等效質量較小。此外，在C點附近的等效質量會成為負值，而對於電子游移後空出位置的電洞，等效質量則是正值。

COLUMN

數據資料訴說的太陽光發電真相④
調峰的效果是？

圖是筆者家中測量的**負荷（消費）電力量及太陽光發電量**相關圖。實線是線形近似時的回歸曲線。如圖 a，若以全年來看，其相關性並不明顯。但如果像圖 b 那樣限定在 7～9 月，則可以看出明顯的相關性。由圖可得知越常用電的日子發電會比較頻繁，能夠具備調峰（peak cut）的效果。

圖1(a) 負荷電力量及太陽電池輸出的相關圖

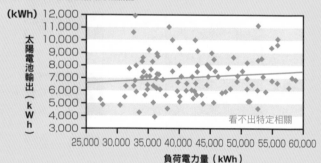

圖1(b) 夏季時的負荷電力量及太陽電池輸出的相關圖

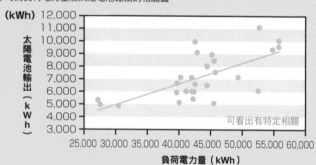

第6章

太陽電池的
半導體元件入門（上級篇）

太陽電池是以pn接面二極體這種半導體元件為基礎。因此，
要徹底地理解太陽電池，必須具備半導體元件的基礎知識。
本章將活用第5章中所提及之描繪能帶的半導體物性基礎知識，
作為半導體元件的基礎輔助教材。

072 太陽電池是二極體的一種
二極體的起源是名為二極管的真空管

　　二極體原本是指圖1中稱為「**二極管**」的真空管。若告訴您這個二極管的專利是握在愛迪生手中，想必會讓許多人相當意外吧。在二極管中，當平板（陽極，anode）比陰極（cathode）的電位高時，從真空中的陰極流出之電子因為會抵達平板，因此電流能夠流通；但若是低電位，則電流無法通過。可以利用這個性質，當作是把交流轉換為直流的「整流器」或無線通信的「檢波器」使用。

　　20世紀中期，發明了具備和二極管相同之整流作用的半導體「pn接面元件」，把它命名為「二極體」。二極體本身具備圖2那樣的整流特性，可用來當作整流器或檢波器使用，因此驅逐了舊有的二極真空管。

　　此外，半導體的二極體具有二極管所沒有的**光化學作用**。圖3舉出了幾個利用二極體光學作用的元件例。利用一照射光便會產生電動勢（electromotive force）之**光起電力效果**的「光電二極管」，可應用在光纖通訊的光檢知器或自動門的感應器等等。更進一步地，光電二極管集積化的「影像感測元件（image sensor）」可應用在數位相機或攝影機等等。太陽電池也是光電二極管的同伴之一呢。

　　在二極體內流過順方向電流，便會引發名為**電流注入發光**的現象。把利用這個方式發光的元件稱為「發光二極體」（LED），可當作低消費電力及長壽命的照明用光源，已廣泛被應用在燈具或信號機等方面。此外，應用在次世代薄型顯示器的「有機EL面板」，是有機物的發光二極體。

　　在發光二極體的構造上稍為加上一點，便能夠取得雷射光線。把這個叫作「半導體雷射（semiconductor laser）」，可應用在光纖通訊（optical fiber communication）、光碟（optical disk）等的光源上。

重點 Check!
●二極體加上整流性後，具有光起電力、電流注入發光等光學性質
●太陽電池、自動光源感應器（light sensor）、影像感測元件（image sensor）皆利用光起電力

圖1　二極體是名為二極管的真空管

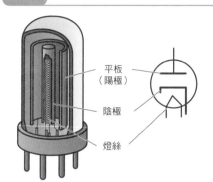

平板
（陽極）

陰極

燈絲

通過燈絲釋放出陰極的電子，當平板的陽極
比陰極高的時候，可抵達平板而電流能夠流
通；呈現負數值時，會因逆流而使電流無法
通過，具有整流特性

圖2　半導體的二極體外觀及電流－電壓特性

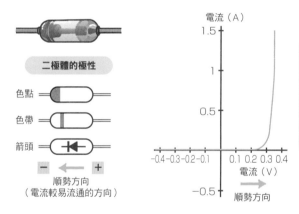

二極體的極性

色點

色帶

箭頭

－　←　＋

順勢方向
（電流較易流通的方向）

電流（A）

1.5

1

0.5

-0.4 -0.3 -0.2 -0.1　0.1 0.2 0.3 0.4
電流（V）

-0.5

順勢方向

半導體二極體的電流－電
壓特性圖。
在二極體極性圖的箭頭方
向施加電壓時，稱為順方
向（順勢方向）；和箭頭相
反方向施加電壓時叫作反
方向。順方向的電流能夠
流通，而反方向無法流
通，可看出其整流性

圖3　利用二極體光學作用的元件非常多

太陽電池　　光電二極管　　CMOS傳感器　　LED燈　　LED信號機　　半導體雷射

用語解說

光化學作用 → 結合了光起電力效果（把光轉換成電）及電流注入發光（流通電流
來發光）這2項功能的光化學作用。

在pn接面界面上形成的
空泛區及內藏電位差

在第1章的（*011*）已提到pn接面界面附近能夠形成內藏電位差。讓我們將此現象用第5章中所學到的**能帶圖**說明。

圖1是n型半導體和p型半導體的能帶圖。虛線表示的是**費米能階**（Fermi level）。費米能階，在n型時位於傳導帶下方的施體能階附近，在p型時位於價電子帶上方的受體能階附近。

圖2的（a）是表示p型半導體和n型半導體緊密相連後產生的變化。在pn接面界面附近，因n型側的電子濃度比p型側高，因此電子會擴散至濃度低的p型側。同樣地，p型側的電洞會往n型側擴散。擴散至p型側的電子因為是少數載子，所以會和多數載子的電洞再結合，留下帶正極電的**離子化受體**。相反地，擴散到n型側的電洞和電子再結合，會留下帶負極電的**離子化施體**。

再結合的結果，會像（b）那樣在pn接面界面產生沒有載子的區域（空泛區），於空泛區留下正極及負極的電荷，進而帶來電位差。p型側的電子，依據其電位差而朝向n型側（稱此現象為「**漂移**（drift）」）、n型側的電洞也同樣地，利用電位差漂移而流往p型側。因濃度差引起的擴散和漂移相稱時擴散會停止，此時的p型和n型的費米能階會達到一致。這時的電位差會形成**內藏電位差**。內藏電位差 V_d 是施體濃度 N_d 和受體濃度 N_a 的函數（在b當中朝下繪製的 V_d，是為了表示出向下吸引電子）。

●製造pn接面的話，在界面發生載子擴散而產生空泛區
●內藏電位差可從擴散電流（diffusion current）和漂移電流（drift current）的相稱求出

圖1 n型及p型半導體的能帶圖

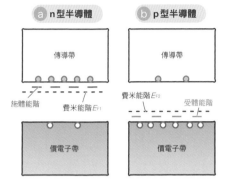

a n型半導體

傳導帶

施體能階

費米能階 E_{F1}

價電子帶

b p型半導體

傳導帶

費米能階 E_{F2}

受體能階

價電子帶

虛線的費米能階，在n型時位於施體能階的附近，在p型時位於受體能階的附近

○為電子，○為電洞

圖2 因pn接面產生的能帶變化

a p型和n型緊密相連後發生的變化

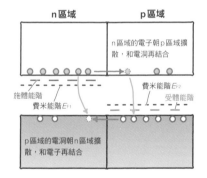

n區域　　　　p區域

n區域的電子朝p區域擴散，和電洞再結合

施體能階

費米能階 E_{F1}

費米能階 E_{F2}

受體能階

p區域的電洞朝n區域擴散，和電子再結合

b pn接面的固定狀態

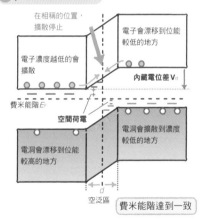

在相稱的位置，擴散停止

電子濃度越低的會擴散

電子會漂移到位能較低的地方

內藏電位差 V_d

費米能階 E_F

空間荷電

電洞會擴散到濃度較低的地方

電洞會漂移到位能較高的地方

d

空泛區

費米能階達到一致

p型半導體和n型半導體緊密結合的話，在pn接面界面附近，n型側的電子濃度會比p型側高，因此電子會往p型側擴散。同樣地，p型側的電洞會往n型側擴散。在p型側當作少數載子擴散的電子，會和多數載子的電洞再結合後消滅，留下帶正極電的離子化受體。相反第，在n型側當作少數載子擴散的電洞，會和多數載子的電子再結合後消滅，留下帶負極電的離子化施體

固定狀態下，pn接面界面上產生沒有載子的區域（空泛區），同時在空泛區會留下正極與負極的電荷，並出現電位差。p型側的電子會利用這個電位差往n側漂移；n型側的電洞會利用這個電位差往p側漂移。當擴散和漂移達到相稱的時候擴散就會停止，而p型和n型的費米能階會達到一致。這時的電位差會形成內藏電位差

074 pn接面二極體的順勢方向特性
電流呈現指數函數般上升

　　pn接面二極體的順方向（p型側是正極、n型側是負極）電流，會隨著電壓呈指數函數增加。使用能帶圖說明原因如下。

　　如圖1的（a）一般，若製造pn接面的話，擴散電流以及逆流的漂移電流會在境界面達到平衡，產生內藏電位差 V_d。一旦施加順方向電壓（p型側是正極電壓）V 的話，電子的能源由於僅有 $e \cdot V$ 下降，能帶構造會如（b）一般，能源的傾斜面降低，且變得容易擴散。因擴散電流變得多過漂移電流，導致電子注入到p區域而電洞注入到n區域中。施加電壓時，費米能階在n側和p側會不同。這些正確來說應該稱作準費米能階（quasi Fermi level），不過，本書為求容易理解，全部以費米能階稱之。

　　若把注入前存在於p區域的少數載子（電子）濃度設為 n_p，注入後的多出電子（excess electrons）濃度便會是 $n_0 = n_p(\exp(eV/kT)-1)$。只有因施加 V 而傾斜面趨緩的部分，其少數載子數會呈現指數函數般地變大。

　　因注入的電子及電洞所造成的順方向電流的值，會由注入的少數載子擴散到什麼程度來決定。流過接面的全電流濃度，以

$$J = n_0 e\{\exp(eV/kT)-1\} \cdots\cdots\cdots ❶$$

表示。此處，n_0 利用了提供擴散的少數載子濃度，可透過簡單的分析表示使用電子及電洞的擴散係數、擴散長等內容。

　　圖2是在室溫（$kT/e = 0.026\text{eV}$）狀態下，把此公式描繪成圖的樣子。可確認到從0.6V附近急劇上升的模樣。

重點 Check!
●pn接面的順方向電流是因空泛區的電壓障壁降低造成
●順方向電流的電壓在0.6V附近急劇上升

圖1 在pn接面施加順方向電壓時的電子・電洞濃度變化

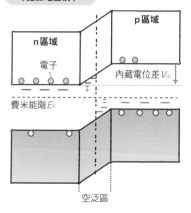

a pn接面的能帶圖
（施加電壓前）

因濃度差而流出的擴散電流以及因電位差而逆流的漂移電流會在pn接面的境界面達到平衡，產生內藏電位差 V_d。

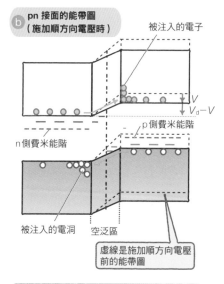

b pn接面的能帶圖
（施加順方向電壓）

虛線是施加順方向電壓前的能帶圖

一旦在pn接面施加順方向電壓（p型側是正極電壓）V，電子的能源由於僅有 e・V 降低，因此會像圖一樣，能源的傾斜面變緩和。結果，載子變得容易擴散，而擴散電流會超過漂移電流，導致電子注入到p區域、電洞注入到n區

圖2 pn接面的順方向電流在0.6eV附近急劇增加

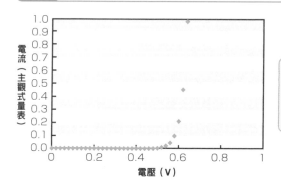

電流（主觀式量表）
電壓（V）

pn接面二極體的順方向電流濃度 J，對應施加的電壓 V，會遵循 $J = n_0 e \{\exp(eV/kT) - 1\}$ 的公式變化。把此公式描繪成圖的話，可表示在0.6V附近急劇上升的電流–電壓特性

075 pn接面二極體的反方向特性
電流雖小，卻有一定程度

在（074），已敘述pn接面二極體上施加順方向電壓（在p側施加正極、n側施加負極）時的電流了。本小節，將提出pn接面二極體上施加**反向電壓**時，所流通的極微弱電流。

圖1是施加反向電壓時的能帶圖。如圖所示，能帶段差$V_d - V$的V因為是負數，所以會變得比施加反向電壓前高。因此，從n型區域到p型區域的電子擴散電流，以及從p型區域到n型區域的電洞擴散電流，幾乎都會變成零。

p型區域裡少數載子的電子當中，在空泛區附近的那些會降低傾斜面而流進n型區域。結果，為了保持p型區域內少數載子濃度的連續性，電子會穿過電極從外部迴路流入。這樣就形成了反方向電流。

少數載子的流動取決於p型區域內的擴散速度。把這個現象稱為**擴散速率**（diffusion control）。而n型區域的電洞也同樣地會有取決於擴散速率的電流流過。根據簡單的分析，在（074）中表示順方向電流的公式❶當中，和把V設定為負數無限大的情況相同，可導出$J = -n_0e$。

結果，可得知無論是通過順方向還是反方向，都可以使用相同的二極體公式：

$$J = -n_0e\{\exp(eV/kT) - 1\} \quad \cdots\cdots\cdots ❶$$

把此公式繪製成圖便是圖2。圖中，擴大表示了電壓零附近的電流－電壓特性。

重點
Check!
●一旦在pn接面施加反向電壓，會只有極小的反方向電流流通

圖1 在pn接面施加反向電壓時的能帶變化

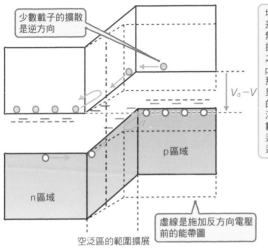

少數載子的擴散
是逆方向

$V_d - V$

p區域

n區域

空泛區的範圍擴展

虛線是施加反方向電壓
前的能帶圖

增加反方向電壓（$V < 0$）時的能帶段差 $V_d - V$，會比增加之前擴大。因此，無論是從n型區域往p型區域之電子的擴散電流，還是從p型區域往n型區域之電洞的擴散電流，幾乎都會變成零。p型區域的電子當中，在空泛區附近的那些會降低傾斜面而流入n型區域。結果，為了維持p型區域內少數載子濃度的連續性，電子會穿透電極從外部回路流入。而此電流會成為反方向電流。少數載子的流動取決於p型區域內的擴散速度。n型區域的電洞也一樣有由擴散速度所決定的電流流通

圖2 擴大二極體公式原點附近的圖

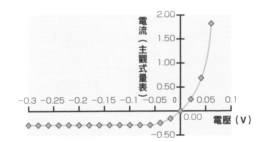

電流（主觀式量表）

2.00

1.50

1.00

0.50

−0.3 −0.25 −0.2 −0.15 −0.1 −0.05 0   0.05 0.1

0.00 電壓（V）

−0.50

圖是流過二極體的電流公式
$$J = -n_0 e\{\exp(eV/kT) - 1\} \quad \cdots\cdots ①$$
表示擴大了電壓零附近的電流—電壓特性。一旦增加比0.1V大的反方向電壓，依擴散決定的電流會收在非常小的固定數值

藉由後表面電場（BSF）改善效率
太陽電池能帶的斷面構造

第5章的（*056*）中，已敘述了關於pn接面上的光起電力效果。在那時的圖中，光只會在空泛區被吸收，進而形成電子・電洞對。不過，那個畫像在實際的太陽電池上不見得能夠成立。

圖1是結晶類型矽太陽電池的（a）斷面構造及（b）能帶剖面（沿著斷面的能帶變化）。從n區域進入的光在矽內部前進，經過空泛區，甚至會到達p區域。因此，因光吸收引起的電子・電洞對的生成，可以在n區域、空泛區、p區域的任何角落出現。

在空泛區（b的❶附近）生成的電子和電洞，因內藏電位差的傾斜面（電界），使電子流往（漂移）n區域、電洞流往p區域而彼此分離。在n區域（b的❷附近）出現光生成的電洞當中，少數載子擴散長 L_p 以內的物質，會從空泛區邊緣擴散後進入空泛區，再提供成電流。

此外，p區域（b的❸附近）光生成的電子，擴散長 L_n 範圍的物質，也會從空泛區的邊緣處貢獻為光電流。不過，像那樣在較深位置生成的電子假如擴散到背面電極，則會和效率降低息息相關。因此，可設置**後表面電場**（亦稱「背面電場」，Back Surface Field：BSF），努力使電子不要深入到背面電極。矽內部的BSF構造會把高密度摻雜的 p^+ 層裝設在背面電極附近，藉以製造 $p-p^+$ 間的屏障（b的❹附近），並利用推翻電子的方式抑制電極附近的再結合。

電子儲存在n區域，電洞儲存在p區域的結果，n側的費米能階會變得比p側的費米能階高。當中形成的差便會成為開路電壓。

重點
Check!

●光載子的生成，可以在n區域、空泛區、p區域等所有區域內發生
●憑藉後表面電場（背面電場，BSF）構造，企圖改善長波長特性及形狀因子

圖1 實際太陽電池的斷面構造及能帶剖面圖

a 矽太陽電池的
斷面構造

b 矽太陽電池的
能帶剖面圖

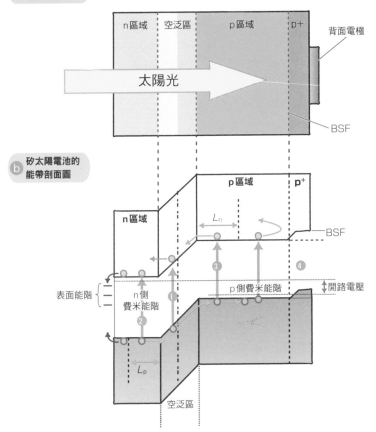

從n區域進入的光在矽內部前進，穿過空泛區，甚至到達p區域；因光吸收引起的電子‧電洞對生成，可以在p區域、空泛區、n區域的任何位置產發
①在空泛區生成的電子及電洞，根據內藏電位差做出的傾斜面（電界），電子會流往n區域，電洞會流往p區域，因此能分離電子和電洞
②在n區域光生成的電洞，擴散後進入空泛區再應用於電流
③在p區域光生成的電子，以及靠近空泛區邊緣的電子都可應用於電流
④設置後表面電場（背面電場，BSF）以避免p區域的電子擴散後進到電極

延長少數載子壽命的鈍化保護

如果表面再結合速度快，轉換效率就會差

如同在（041）中所述，結晶類型太陽電池的少數載子是供給發電的元件。因此，作為少數載子移動量的擴散長及壽命（和多數載子再結合後到喪失為止的時間），具有相當重要的意義。少數載子壽命的倒數 1／τ eff，代表再結合的準確率，這如同圖1右邊的公式，使用晶體（結晶內部）內再結合準確率及結晶表面的再結合準確率兩者的加總和表示。在表面賦予再結合準確率的是**表面再結合速度**S。

圖1是表示太陽電池的轉換效率所帶來的表面再結合影響。尤其可得知受光面這一側的表面再結合速度會因轉換效率而產生極大影響。電極附近的半導體表面層是摻雜了高濃度雜質的層（p⁺、n⁺等），結晶性較差，為了表面再結合而使壽命變短。

藉由各種鈍化處理降低再結合速度

為了減少再結合，會施行表面缺陷不活性化的鈍化處理。圖2是在結晶類型矽太陽電池元件上進行被覆處理的樣子。在表面側的保護膜（被覆‧鈍化處理後的膜）上使用氮化矽，背面側的保護膜使用氧化矽。氮化矽是利用電漿氣相沉積法（Plasma-Enhanced CVD）堆疊沉積。

多結晶矽太陽電池的情況，是通過結晶粒和結晶粒接合之粒界的結合切面部分（未鏈結鍵）後，漏電流再流過，因此可能會有光起電力短路的情況出現。為了進行表面被覆處理，會利用CVD法堆疊氮化矽，而應用於CVD的氫，偶而也會拿來進行懸浮鍵（dangling bond）的被覆處理。

重點 Check!

●如果少數載子的表面再結合速度快，轉換效率就會降低
●為了防止表面再結合，利用氮化矽膜堆疊沉積來進行被覆處理

圖1 太陽電池的轉換效率及表面再結合速度的關係

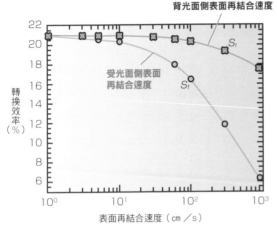

背光面側表面再結合速度

受光面側表面再結合速度 S_f

S_r

表面再結合速度 S 與實際的載子壽命 τ_{eff} 的關係

$$\frac{1}{\tau_{eff}} = \frac{1}{\tau_{bulk}} + \frac{2S}{W}$$

左圖表示的 τ_{bulk} 是晶體壽命，W 是基板的厚度表面再結合速度 S 當中受光面側 S_f 及背光面側 S_r

S_f、S_r 各自的表面及背面之再結合速度依存性。尤其可得知受光面這一側的表面再結合速度會因轉換效率而產生極大影響

出處：夏普技術報告 93（2005）p.11

圖2 在結晶類型矽太陽電池元件中的鈍化處理概要

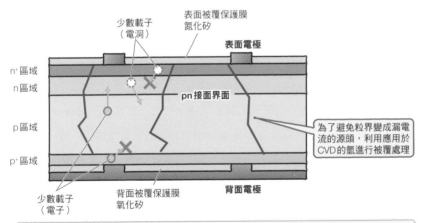

少數載子（電洞）

表面被覆保護膜 氮化矽

表面電極

n⁺區域
n區域

pn接面界面

p區域

p⁺區域

為了避免粒界變成漏電流的源頭，利用應用於 CVD 的氫進行被覆處理

少數載子（電子）

背面被覆保護膜 氧化矽

背面電極

為了防止利用光做出的少數載子在表面再結合時喪失，可以在表面側和背面側裝載被覆保護膜。而結晶粒界的未鏈結鍵，可以使用應用於 CVD 的氫進行被覆處理

運用能隙決定轉換效率
理論界限轉換效率

第2章的（ 026 ）當中，提到太陽電池轉換效率的最大值（理論界限轉換效率）取決於能隙的大小。這個理論界限轉換效率是如何導出來的呢？如同在圖1等價回路上表示般，太陽電池的二極體能看做是具有並聯連接之短路電流 I_{sc} 的電流源頭。如圖1的公式般，如果要計算由負荷取得之輸出 P 設定為最大的電壓 V_{max}，可得到以下算式：

$$\exp\left(eV_{max}/kT\right)\left(1+eV_{max}/kT\right)=\left(I_{sc}/I_0\right)+1 \quad \text{❶}$$

公式❶的 I_0 因為會和少數載子的載子濃度成比例，因此會以 $I_0 = A\exp\left(-E_g/kT\right)$ 的形式隨著能隙 E_g 減少，V_{max} 則會隨著 E_g 的增加而增大。

如果要求最大電力 P_{max} 的話，會出現以下結果：

$$P_{max} \approx I_{sc}\left(eV_{max}^2/kT\right)/\left(1+eV_{max}/kT\right) \quad \text{❷}$$

在這個公式中，短路電流 I_{sc} 能以下列公式表示：

$$I_{sc} = Q\{1-\exp\left(-al\right)\}en_{ph}\left(E_g\right) \quad \text{❸}$$

此處的 Q 是載子收集效率、a 是吸收係數、l 是吸收層的厚度、$n_{ph}\left(E_g\right)$ 是對於生成電子・電洞對時所必須具備之充分光子能源的光子數。如果 E_g 變大的話，太陽光頻譜的長波長成分會無法利用，因此 $n_{ph}\left(E_g\right)$ 會減少，短路電流 I_{sc} 也會減少。

轉換效率可用 P_{max} 除以太陽光的輻射光強度計算。若標繪出當作能隙 E_g 的函數，則 E_g 會出現最合適數值，並在 $E_g = 1.4eV$ 附近達到頂峰。這就是圖2用紅線表示的理論界限轉換效率曲線。圖中用黑色圈圈註記了各種半導體內轉換效率的冠軍數據。

重點
Check!

●提供最大電力的電壓 V_{max} 會隨著 E_g 增大，短路電流 I_{sc} 會減少
●理論界限轉換效率在 $E_g = 1.4eV$ 附近達到最大

圖1 | 用等價回路思考太陽電池

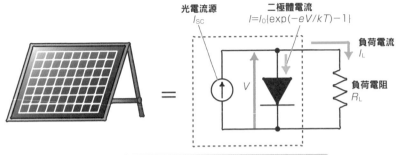

從等價回路圖 $I_{SC} = I_l + I_L = I_0\{\exp(eV/kT)-1\} + I_L$
從負荷取出的電力 $P = VI_L = V\{I_{SC}-I_0\{\exp(eV/kT)-1\}\}$
把 P 設定為最大時，即 $dP/dV = 0$
$dP/dV = I_{SC} + I_0 - I_0(eV/kT+1)\exp(eV/kT) = 0$
由此可知 P 設為最大的電壓 V_{max} 的話，以下公式便會成立。
$I_{SC} + I_0 = I_0(eV_{max}/kT+1)\exp(eV_{max}/kT)$

圖2 | 太陽電池之理論界限轉換效率的能隙依存性

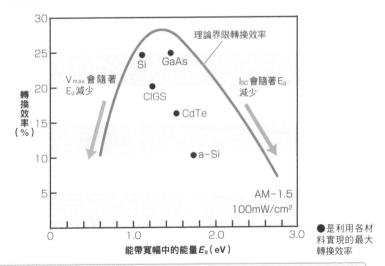

把以理論方式預測的太陽電池最大轉換效率（25℃）當作能隙 E_g 所表示的曲線稱為「理論界限轉換效率曲線」。在 E_g 較低側，E_g 一下降 V_{max} 就會降低。在 E_g 較高側，E_g 一上升 I_{SC} 就會降低。因此，理論界限轉換效率在 $E_g = 1.4eV$ 附近時可取得最大值 30%。倒過來說，轉換效率充其量只有 30%。矽的界限值是 27%，由於被實現的最大值是 25%，可知幾乎都會達到界限位置。此外，CIGS 所實現的轉換效率最大值是 20%，可知藉由研究開發能夠改善到 28% 程度

COLUMN

能源回收期間是2年以下

所謂的**能源回收期間**（Energy Payback Time），是以數值表示透過太陽光發電需要多少時間，才能回因製造太陽電池而使用的能源。能源回收期間可從構成系統所有機器類的製造能源，以及每年可從系統取得之發電量比例計算出來。製造能源藉由改良製造技術與擴大製造規模等方式而逐漸減少。後者是因太陽電池的轉換效率及系統利用效率的改善而擴大，造成正在技術革新中的太陽光發電回收期間也逐年地急速縮短。表1是表示主要的太陽電池在製造時所花費的能源，以及住宅用的3 kW的太陽電池，在能源回收時所需要的時間。

由表可知，就算是多結晶矽也只要1年半，若是CIGS則僅需11個月就能夠回收製造時使用的能源。由於太陽電池的壽命約有30年左右，可得知只要和能源回收期間相關的，則是徹底地收支平衡。

表1　太陽電池製造時需要之能源及住宅用太陽電池（3kW）

太陽電池種類	多結晶矽	薄膜矽	CdTe	CIGS
製造時必要的能源（GJ／kW）	15	10	9	8
能源回收期間（年）	1.5	1.1	1.0	0.9

（製造規模100MW的情況）

出處：「太陽光發電評價之調查研究」太陽光發電技術研究工會　NED0委託業務成果報告書（2001年）

第 7 章

今後的太陽電池
（上級篇）

太陽電池未來會往什麼樣的方向進行技術開發呢？
本章，將提出幾個具話題性的內容作為例子，
揣測今後太陽電池的動向。

以低成本的太陽電池為目標
減少材料・晶圓化成本方面

　　圖1是2007年住宅用太陽光發電系統價格（日圓46元／kWh）的成本明細。當中，施工費用占了一半，模組成本則是日圓20元／kWh左右。NEDO的目標是冀望2020年度的系統價格是日圓14元／kWh，因此必須從日圓46元裡降低成1／3。因此，2020年時，模組成本也必須降低為1／3的日圓7元／kWh才行。

　　以**結晶類型矽太陽電池**為例，晶圓成本（明細是材料成本和晶圓化的成本）占了模組成本的一半。未來雖然能藉著（*020*）中提到的太陽電池級矽（SGS：Solar Grade Silicon）降低材料成本，但目前先考量把晶圓的厚度降低為現在一半的100μm。因此，晶圓切斷損耗（截口損失，Kerf loss）可以減少到什麼程度是目前的課題。

　　採用**薄膜類型太陽電池材料**，是徹底解決材料・晶圓化成本的方式。薄膜類型中，運用濺鍍、真空蒸鍍、CVD等方式堆疊沉積在玻璃或塑膠膜等便宜的基板上，形成太陽電池材料薄膜。

　　CIGS太陽電池是把金屬合金膜濺鍍到便宜的藍色平面玻璃上，利用在chamber內把這個膜硒化的步驟，來完成低成本的目的。此外，薄膜矽類型及CIGS類型等，能夠利用使用了膠膜基板的**捲對捲連續製程法**（roll-to-roll process，R2R）（圖3）高速地製膜。未來，以目前正研究的**熔射噴塗法**（spraying method）（圖4）、塗布法、電鍍法等方式，當作能夠以更低成本均勻地製作大面積太陽電池膜的方法。

　　至於元件化・模組化的成本，只要生產規模大便必然會降低。而減少應用於透明導電膜或配線的稀有金屬（rare metals），也在成本降低方面相當有效。

重點
Check!
　●結晶類型矽太陽電池計畫把晶圓厚度折半來減少成本
　●徹底的方式，是透過薄膜化，達到材料節約及製造成本降低

圖1 住宅用太陽光發電系統價格（46日圓／kWh）的
成本明細（2007年）

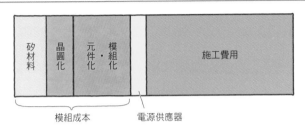

（出處：夏普　綜合資源能源調　會第23回新能源部會資料）

圖2 晶圓成本的降低

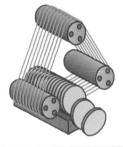

把晶圓的厚度從現在的200μm降低為一半的100μm，使材料成本下降。截口損失能夠減少到什麼程度是目前的課題

圖3 捲對捲連續製程
（roll-to-roll process，R2R）

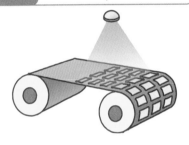

使用捲對捲連續製程，以高速在膠膜基板上搭載太陽電池

圖4 熔射噴塗法（spraying method）

熔射噴塗法製膜裝置

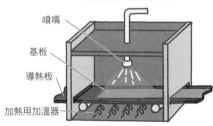

噴嘴
基板
導熱板
加熱用加溫器

研究中的熔射噴塗法、塗布法、電鍍法等方式，可作為以低成本均勻地製作大面積太陽電池膜的方法。在左圖的熔射噴塗法中，將溶媒中溶解的原料從噴嘴噴射到放置在導熱板上方的基板上，經過加熱後結晶化而製成薄膜。在塗布法中，塗抹來自試管的原液再加熱製成薄膜。電鍍法是把基板浸漬到電鍍液後通電，再堆疊到基板上

080　以高效率的太陽電池為目標

　　終極的低成本化，就是達到高效率化。這是因為如果轉換效率能成為倍數的話，只需要一半的面積就能夠發出相同的電力，所以材料成本和設置成本也都只需要一半就足夠了。如同（078）中所述，舊有類型的太陽電池單一元件中，是不可能超過轉換效率30％的。因此我們需要新概念。那就是**量子點**（quantum dots）。

　　奈米技術持續發展，讓製造半導體的細微構造變成可能，如圖1所示，已經能達到2維、1維、0維等**低次元化**了。在（a）所顯示之半導體2維構造的**量子井**（quantum well）中，電子被封閉在1個方向（膜厚方向），只能在垂直於膜厚的2個方向自由移動。把這個狀態稱為**2維電子氣**（two-dimensional electron gas）。在（b）表示之1維構造的**量子線**（quantum wire）中，電子被封閉在細線較長方向的2個方向，自由度變成1。此外，如（c）所示般，設定為0維構造的是量子點。

　　圖2是表示量子點的電子狀態。量子點如（a）所示，是被能隙大的半導體包圍住的，能隙小的半導體的奈米尺寸方塊。電子的波像（b）那樣被封閉在3個方向中，導致移動的自由度消失，因此（c）能源狀態變成沒有寬幅的**量子能階**（quantum level）。這個量子能階的能源，可藉由改變量子點的W尺寸控制。另外，如圖3的（a）一般，如果製造了**量子點超晶格**（Quantum-dot superlattice）（奈米尺寸的間隔排列）的話，便會產生像（b）那樣的微小**能帶**（mini-band），能夠用人工的方式控制能隙。

　　一旦照射光線，便會產生幾個微小能帶間的遷移，因此能夠吸收廣泛波長範圍的光，進而轉變為效率佳的電氣。雖然相當期待理論上超越60％的高效率，但是要均一地排列各種尺寸的點，在技術上並不容易達成，看來，實現高效率的路似乎還相當長。

重點
Check!

●若執行高效率化，便可以在小面積得到相同的發電量，達到低成本化
●量子點太陽電池的高轉換效率雖令人期待，但完成的道路還相當長

圖1　半導體的低次元化流程

a 2維構造量子井

E_{g2}

W_1/W_2

E_{g1}

在厚度方向把電子的波封閉在 W_2 內 $E_{g1} > E_{g2}$

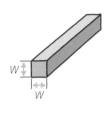

b 1維構造量子線

W

W

在與線垂直的2方向把電子的波封閉在 W 內

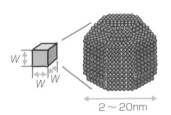

c 0維構造量子點

W

W　W

$2 \sim 20nm$

在3方向把電子的波封閉在 W 內

圖2　量子點的電子狀態

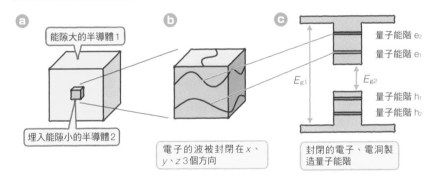

a

能隙大的半導體1

埋入能隙小的半導體2

b

電子的波被封閉在 x、y、z 3個方向

c

E_{g1}　E_{g2}

量子能階 e_2
量子能階 e_1

量子能階 h_1
量子能階 h_2

封閉的電子、電洞製造量子能階

圖3　量子點超晶格的電子狀態

a 量子點超晶格

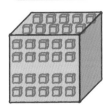

b 量子點超晶格的微小能帶構造

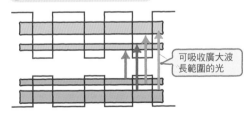

可吸收廣大波長範圍的光

如果把量子點像（a）那樣以高密度排列為3維的話，會引起相互作用而能夠像（b）那樣形成數個能帶，有效地利用光頻譜

081

運用常見的材料溫和地對待環境
太陽電池的元素戰略

　　表1刊載了前30名的**克拉克數**（Clarke number）。大略來看，可知氧氣（O）占一半，矽（Si）占1／4。若限定只觀察克拉克數，即使是到了次世代，矽仍應該會持續是最重要的太陽電池材料吧。當作太陽電池材料而被研究的砷化鎵（GaAs）、碲化鎘（CdTe）都沒有進入前30名。而關於CIGS（$CuIn_{1-x}Ga_xSe_2$），也勉勉強強只有銅（Cu）進入前25名，取代銦（In）而調整成使用錫（Sn、30位）和鋅（Zn、31位）名為Cu_2ZnSnS_4的4元化合物之研究正展開中。本單元將介紹使用克拉克數第4名－鐵（Fe）的太陽電池。

鐵類型太陽電池

　　使用鐵來製作太陽電池的嘗試，包括有Beta矽化鐵（β-FeSi：能隙0.85eV）及**黃鐵礦**（FeS_2：能隙0.95eV）。

　　目前還沒有實際使用矽化鐵的太陽電池相關報告。而正朝實用化段階進展的是黃鐵礦（Pylite）。2009年5月，瑞典的汽車製造廠開發的Quanta這台汽車，就因為搭載了黃鐵礦太陽電池而一度成為話題。黃鐵礦是一種常見的金色原石（圖1）。它之所以呈現出金色，如圖2所示般，是因為吸收係數到達6×10^5 cm^{-1}的強光吸收過程存在於1～2.5eV當中。這個強力吸收如圖3所示，價電子帶的頂端和傳導帶的底部同時來自能帶幅狹窄的鐵$3d$電子軌道，才造成濃度高的狀態[注1]。因此，FeS_2薄膜的膜厚以20nm程度為佳，由於它可以透過使用p型、n型的寬間隙半導體挾住它的構造來取出光起電力，因而能成為一種染料敏化太陽能電池[注2]。報導指出聚光型黃鐵礦太陽電池可取得50%的轉換效率，不過詳細狀況目前尚不明確。

重點 Check!
●推測次世代的太陽電池也是以克拉克數大的矽為主流
●黃鐵礦因為有強大的吸收帶，可應用在太陽電池

注1：《被金色原石魅惑》佐藤勝昭 著、裳華房、1990年
注2：A.Ennaoui et al., Solar Energy Materials and Solar Cells, 29（,4）, 289-370（1993）

表1 | 克拉克數（Clarke number）

順位	元素	克拉克數	順位	元素	克拉克數	順位	元素	克拉克數
1	氧（O）	49.5	11	氯（Cl）	0.19	21	鉻（Cr）	0.02
2	矽（Si）	25.8	12	錳（Mn）	0.09	22	鍶（Sr）	0.02
3	鋁（Al）	7.56	13	磷（P）	0.08	23	釩（V）	0.015
4	鐵（Fe）	4.70	14	碳（C）	0.08	24	鎳（Ni）	0.01
5	鈣（Ca）	3.39	15	硫黃（S）	0.06	25	銅（Cu）	0.01
6	鈉（Na）	2.63	16	氮（N）	0.03	26	鎢（W）	0.006
7	鉀（K）	2.40	17	氟（F）	0.03	27	鋰（Li）	0.006
8	鎂（Mg）	1.93	18	銣（Rb）	0.03	28	鈰（Ce）	0.0045
9	氫（H）	0.87	19	鋇（Ba）	0.023	29	鈷（Co）	0.004
10	鈦（Ti）	0.46	20	鋯（Zr）	0.02	30	錫（Sn）	0.004

克拉克數（Clarke number）是用百分比表示美國地質學者 Frank Wigglesworth Clarke 計算出的地球上地殼表層部（地表部到海平面下約16km處的岩石圈93.06%、水圈6.91%、氣圈0.03%）中所存在的元素比例指數。此地殼表層部的質量等同於地球全質量的約0.7%

圖1 | 金色的原石「黃鐵礦」

圖3 | 黃鐵礦的能帶構造

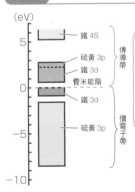

黃鐵礦是半導體，價電子帶的頂端和傳導帶的底部是來自於鐵的3d電子軌道，電子的波因為不怎麼擴展，所以能帶幅很狹窄，狀態密度大造成光吸收強

圖2 | 黃鐵礦的吸收頻譜

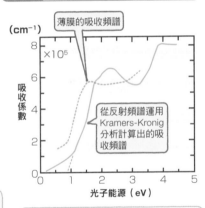

黃鐵礦的光吸收在0.9eV附近上升，於1.5～2eV附近達到頂峰。1.5eV附近的吸收係數達到6×10⁵cm⁻¹，比CIS高

082 撒哈拉太陽能孵化計畫
把太陽電池製造的電力用於全世界

　　1994年，桑野幸德氏（前三洋電機社長）提出了如圖1般，名為「**Project Genesis**」的壯大計畫[注1]。以下簡單記述其概略。如果把2000年所需要的1次性能源總量（140億石油換算噸）用太陽光發電提供的話，共需要65萬km^{2}便足夠，這等同於地球上全沙漠面積的約4％。若在撒哈拉沙漠的面積上設置太陽光發電所的話，以轉換效率10％計算，能夠提供4倍必要的1次能源。

　　此處，假如在地球上的各沙漠配置太陽光發電所，再運用超導電纜的輸電網配電到全世界的話，能夠從白天的區域輸送電力到夜晚的區域。要達到這項目的的第1步驟，是在國內建構組合了小規模光發電系統的輸電網；而第2步驟是在世界各地建構當地的能源系統；而第3步驟則是接續各地的輸電網。

　　利用撒哈拉沙漠進行太陽光發電，提供電力到各區域的「**撒哈拉太陽能孵化計畫（Sahara Solar Breeder Project，SSB）**」的這個構想，是由日本學術會議提案、推廣的。利用在撒哈拉製造的電力，從撒哈拉豐富的二氧化矽（SiO_2）製造矽及太陽電池，經由這個方式使太陽光發電所增設（孵化）。被製造出來的電力，可以經由當地的能源供給和海水淡水化而應用於水源供給方面，賸餘電力利用超導電纜穿過地中海，可以提供給歐洲。因此，透過科學技術ODA，日本及撒哈拉諸國皆投入支援這項共同研究。

　　2010年，北澤宏一氏（科學技術振興機構前理事長）在他的著作中提到，撒哈拉太陽能孵化計畫正是受到國際間評價為對日本的科學技術世界，貢獻力量的計畫[注2]。

重點
Check!
●撒哈拉沙漠的太陽光發電所能提供4倍的世界能源
●日本能夠使用科學技術ODA貢獻國際的撒哈拉太陽能孵化計畫

注1：《太陽能源工學》濱川圭弘、桑野幸德 著、培風館、1994年 pp.300～306
注2：《科學技術是否能拯救日本？》北澤宏一 著、Discover 21、2010年 pp.244～247

圖1 桑野氏提出的Project Genesis

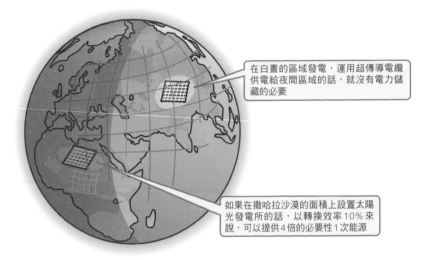

在白晝的區域發電，運用超傳導電纜供電給夜間區域的話，就沒有電力儲藏的必要

如果在撒哈拉沙漠的面積上設置太陽光發電所的話，以轉換效率10%來說，可以提供4倍的必要性1次能源

圖2 利用科學技術ODA研究推廣的撒哈拉太陽能孵化計畫

太陽光發電所

太陽電池工場

矽工場

在撒哈拉沙漠設置太陽光發電所，使用在這邊發電的電力，從沙漠豐富的矽（SiO_2）中取出矽，利用這個矽製造太陽電池，透過這個方式增設（孵化）太陽光發電所的計畫。在這裡發電的電力，可以經由當地的能源供給和海水淡水化而應用於水源供給方面，膳餘電力利用超導電纜穿過地中海提供給歐洲

COLUMN

回顧日本生態住宅15年

筆者於1994年搭建了日本生態住宅（ECO housing）。截至2008年的這14年間，已發電了總計高達約50MWh的電力，除了供應給日常生活使用外，還能累計出14MWh的賸餘電力提供給系統。也受惠於收購賸餘電力、全電子化、超強隔熱・高氣密等優點，才能在過著舒適生活的同時，光電費還比建造前減少約15%。以下整理了一些建議，可提供給未來考慮要導入太陽電池的各位。

❶在搭建新住宅時導入太陽光發電的情況，可以考慮把它當作是超強隔熱・高氣密環保住宅的一環，這是相當重要的。這種情況下，建議把太陽電池面板當作屋頂材料使用。

❷太陽光發電面板的輸出額定值，是在25℃的狀態下標準太陽光（1kW/m²）在11點半時垂直入射面板時的直流輸出值。實際的輸出，推測是額定值的7～8成。此外，太陽光發電的輸出會長期性劣化。

❸由於最近的技術開發、成本降低、以及國家的補助金政策，現在大約花費180萬日圓左右就能夠導入4kW的太陽光發電。雖然無法立刻回收成本，但只要1台汽車的費用就能多多少少為實現低碳社會貢獻一己之力，難道不是件值得高興的事嗎？

筆者家的外觀

參考文獻

給普羅大眾閱讀的書籍

『ここまできた太陽光発電住宅』　桑野幸徳　著（工業調査会、1996年）

『トコトンやさしい太陽電池の本』　産業技術総合研究所太陽光研究センター　編著
（日刊工業新聞社、2007年）

『太陽電池のしくみ』　瀬川浩司、小関珠音、加藤謙介　編著
（新星出版社、2010年）

『知っておきたい太陽電池の基礎知識』　齊藤勝裕　著（ソフトバンククリエイティブ、2010年）

一般技術類書籍

『太陽電池とその応用』　桑野幸徳、中西昭一、岸靖、大西三千年　著
（パワー社、1994年）

『太陽電池材料』　日本セラミックス協会　編（日刊工業新聞社、2006年）

針對研究者的教科書・專門書籍

『アモルファス太陽電池』　高橋清、小長井誠　著（昭晃堂、1983年）

『太陽エネルギー工学』　濱川圭弘、桑野幸徳　著（培風館、1994年）

『薄膜太陽電池の基礎と応用』　小長井誠　著（オーム社、2001年）

『太陽電池』　濱川圭弘　編著（コロナ社、2004年）

『太陽電池の物理』　Peter Wurfel 著、宇佐美徳隆、石原照也、中嶋一雄　訳
（丸善、2010年）

『太陽電池の基礎と応用』　山口真史、Martin A. Green、大下祥雄、小島信見著
（丸善、2010年）

『太陽電池の基礎と応用』　小長井誠、近藤道雄、山口真史　著（培風館、2010年）

半導體物性

『半導体物理』　御子柴宣夫　著（培風館、1991年）

『半導体物性』　小長井誠　著（培風館、1992年）

『半導体物理』　浜口智尋　著（朝倉書店、2001年）

『高校数学でわかる半導体の原理』　竹内淳　著（講談社、2007年）

『半導体物性なんでもQ＆A』　佐藤勝昭　著（講談社、2010年）

半導體元件

『半導体デバイスの物理』　浜口智尋　著（朝倉書店、1990年）

『半導体デバイスの物理』　岸野正剛　著（丸善、1995年）

『半導体の基礎理論』　堀田厚生　著（技術評論社、2000年）

『半導体デバイス－基礎理論とプロセス技術』　S. M. ジィー　著、南日康夫、川辺光央、長谷川文夫　訳
（産業図書、2004年）

索引

「發明」的夢想要打鐵趁熱！

在誕生於 20 世紀的廣域網路和電腦科學的影響下，科學技術有著令人吃驚的發展，使我們迎接了高度資訊化的社會。如今科學已然成為我們生活中不可或缺的事物，其影響力之強，甚至可說一旦沒有了科學，這個社會也將無法成立。

本系列是將工程學領域中嶄新的發明或應用製品，從基本的理學原理、結構開始揭開其神秘面紗，並藉由全彩插圖或照片來圖解特徵，進行淺顯易懂的解說。本系列特別嚴選在了解各書主題的專門領域時必須優先得知的重點項目，讓每一頁翻開都是充實的學識。不論你是高中生、專科生、大學生，或是一般上班族都能夠輕易理解。如此一來，就能讓「發明」的夢想站在實現的起跑線上吧！

就算要創造出變革社會的偉大產品，也得要先打好基礎才行。而不論何時都能讓人回顧基礎的本書系，相信一定能夠對您有所幫助的。

TITLE

太陽電池

STAFF

出版	瑞昇文化事業股份有限公司
作者	佐藤勝昭
封面插畫	野辺ハヤト
譯者	張華英

總編輯	郭湘齡
責任編輯	王瓊苹
文字編輯	林修敏　黃雅琳
美術編輯	李宜靜
排版	執筆者設計工作室
製版	昇昇興業股份有限公司
印刷	桂林彩色印刷股份有限公司
法律顧問	經兆國際法律事務所　黃沛聲律師

戶名	瑞昇文化事業股份有限公司
劃撥帳號	19598343
地址	新北市中和區景平路464巷2弄1-4號
電話	(02)2945-3191
傳真	(02)2945-3190
網址	www.rising-books.com.tw
Mail	resing@ms34.hinet.net

初版日期	2012年12月
定價	300元

國家圖書館出版品預行編目資料

太陽電池:未來能源的終極王牌,太陽光發電技術／
佐藤勝昭作;張華英譯. -- 初版. -- 新北市:瑞昇文
化,2012.11
192面;14.8x21公分

ISBN　978-986-5957-33-9 (平裝)

1.太陽能電池　2.太陽能發電

448.167　　　　　　　　　　　101022205

TAIYOU DENCHI NO KIHON
Copyright © 2011 KATSUAKI SATO
Originally published in Japan in 2011 by SOFTBANK Creative Corp.
Chinese translation rights in complex characters arranged with
SOFTBANK Creative Corp. through DAIKOSHA INC., JAPAN